KB273338

비커 군과
과학실 용어 사전

일러두기

*이 책은 콘텐츠의 특성상 원서의 일본어 어순을 그대로 살려 편집하였습니다.

비커 군과
과학실 용어 사전

어려운 과학 용어, 비커 군이 쉽게 알려줄게

우에타니 부부 지음 | 오승민 옮김 | 김경숙 감수

더숲

머리말

안녕하세요. 우에타니 부부입니다. 이 책을 선택해 주셔서 정말 감사합니다.

지금까지 출간된 비커 군 책들은 대부분 어른 대상이었습니다. 그런데도 비커 군 시리즈를 애독하는 초중생이 많다는 얘기를 듣고, 이번에는 기존 책보다 초중생이 이해하기 쉬운 내용을 담았습니다.

이 책의 제목인 '용어 사전'이라는 말 그대로 용어의 뜻과 내용을 설명하고 어려운 말은 최대한 쓰지 않으려 노력했습니다. 그 대신 일러스트와 만화를 많이 넣어 모든 단어가 최대한 머릿속에 그려질 수 있게 했습니다. 일러스트와 만화만 봐도 재미있을 거라고 생각합니다.

책 제목을 '과학 용어 사전'이 아니라 '과학실 용어 사전'이라고 붙인 이유는 과학실을 즐겁게 이용하는 데 도움이 되는 내용을 담았기 때문입니다. 학문으로 과학 용어를 익히는 것도 중요하지만, '과학을 즐기고 과학실을 친근하게 느끼는 것' 또한 중요하다고 생각하거든요. 그래서 이 책에는 과학실에 있는 기구와 시약, 실험, 일어나는 현상뿐만 아니라 약간 엉뚱한 표제어도 등장합니다.

예를 들면 '분실', '빠지지 않아…', '분실된 교과서와 노트' 등 과학실에서 가끔 벌어지는 해프닝, 그리고 '목장갑', '대야', '양동이' 등 별로 눈에 띄지 않지만 과학실에 꼭 필요한 것들, '소화용 모래', '싱크대의 봉수 캡' 등 역할이 미미한 것도 많이 등장합니다. "이거, 우리 과학실에도 있어!" 하는 내용들이라서 재밌을 거라 장담합니다.

그리고 이 책에는 과학에서 중요한 것도 많이 나옵니다. '진흙'을 예로 들어 볼까요. 진흙이라고 하면 흔히 비 오는 날 물에 젖은 흙을 떠올리는데, 과학에서 말하는 진흙은 암석이 분쇄된 입자 중에서 0.0625mm보다 작은 것을 말합니다. 물이 있느냐

없느냐는 상관없습니다.

그 밖에도 암석과 광물의 차이, 기체 검지관 사용법, 가열 가능한 유리 기구처럼 과학을 공부할 때 알고 있으면 도움이 될 만한 내용으로 가득합니다.

이 책에 실린 표제어는 '현미경', '지층을 만드는 실험', '비커', '과학실 규칙', '와인 증류' 등 모두 합해 400개가 넘습니다. 따라서 아무데나 펼치고 마음 가는 대로 읽어도 됩니다. 또한 각 용어 설명 마지막에 화살표로 관련 용어를 적어 두었으니, 건너뛰면서 읽어도 재미있을 겁니다.

과학실은 왠지 위험할 것 같고, 뭔가 어려운 기구들로 가득할 것 같다는 부정적 이미지를 떠올리는 사람이 적지 않습니다. 그런 선입견을 가진 사람들이 이 책을 읽고 의외로 과학실이 재밌을 것 같고, "이런 실험도 있었네?" 하면서 직접 해보고 싶다고 느낀다면 굉장히 기쁠 것 같습니다. 물론 "과학실, 너무 좋아!" 하는 사람도 환영합니다. 다 함께 과학실의 매력에 풍덩 빠져 보아요.

참고로, 이 책에 나오는 과학실은 가상의 공간입니다. 하지만 우에타니 부부가 지금까지 경험과 취재를 바탕으로 만든 과학실이므로, 실제로 존재하는 학교 일부를 집대성한 거라고 할 수 있습니다. 여러분의 학교 과학실과 비교하면서 읽으면 더 재미있을 거예요.

이 책이 '과학이 생각보다 재밌네!', '과학실은 흥미진진한 곳이구나!' 하고 느끼는 계기를 마련해 주기를 소망합니다.

 우에타니 부부

감수의 말

비커 군과는 두 번째 만남입니다. 지난번에 만났을 때는 실험기구 선배들의 이야기로 과학사 의 흐름을 살펴보았습니다. 이번에는 과학실 이야기로 만났네요.

과학실이라는 곳이 영화나 드라마에서는 종종 무서운 곳으로 등장하기도 하는데, 저는 과학실에 가는 것이 학생들에게 언제나 흥미로운 일이었으면 좋겠습니다. 교실 수업을 할 때보다 실험실에서 활동을 할 때 학생들의 눈동자가 더 반짝이는 것처럼 느껴져 더 행복하기도 하지만, 흥미로운 만큼 위험 요소도 존재하는 곳이기에 교사로서 늘 긴장되는 공간이기도 합니다.

이 책은 과학실에서 자주 마주치는 400여 개의 용어들을 사전 형식으로 쉽고 재미있게 풀어낸 친절한 안내서입니다. 실험기구, 화학 물질, 단위, 개념 등 낯설고 헷갈릴 수 있는 말들을 비커 군 특유의 유쾌한 시선으로 소개하며, 과학실과 한 발짝 더 가까워질 수 있도록 도와줍니다.

일본의 과학 수업 현장이 자연스럽게 드러나기도 합니다. 예를 들어 위아래로 움직이는 칠판, 낯선 실험기구 등은 우리나라 학생들에게는 색다르게 느껴질 수 있습니다. 개인적으로 교사 연수나 일본 과학 행사, 일본 지인의 이야기를 통해 알고 있는 내용이지만 아직 우리나라에는 일반화되지 않아 낯선 것들도 있습니다. 용어의 설명도 만화라는 콘텐츠의 특성상 우리말로 옮기는 과정에서 일본어 순서를 따를 수밖에 없어 때로는 다소 찾아보기 힘들 수 있습니다. 하지만 그 낯섦 또한 배움을 시작하는 우리 학생들에게 오히려 새로운 호기심의 계기가 되기를 바랍니다.

무엇보다 이 책을 통해 학생들이 과학실과 친해질 수 있으면 좋겠습니다. 그리고 나아가 무언가 더 궁금하고 더 알고 싶어지면 질문하고 더 많은 다른 책도 읽어보면서 과학과 조금 더 가까워지는 기회가 되기를 바랍니다.

김경숙 (대영고등학교 화학 교사)

차례

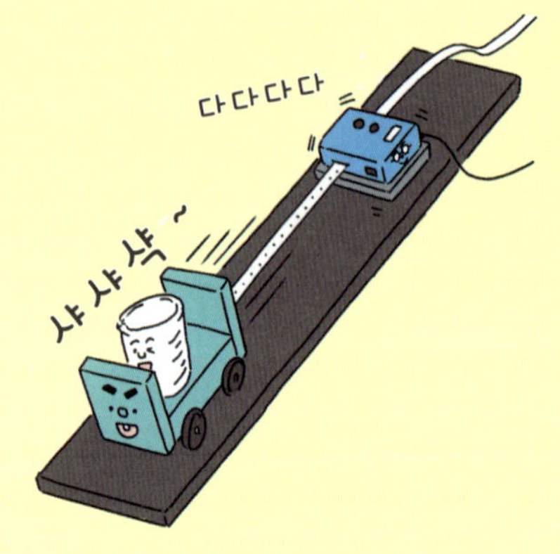

과학실 용어 사전

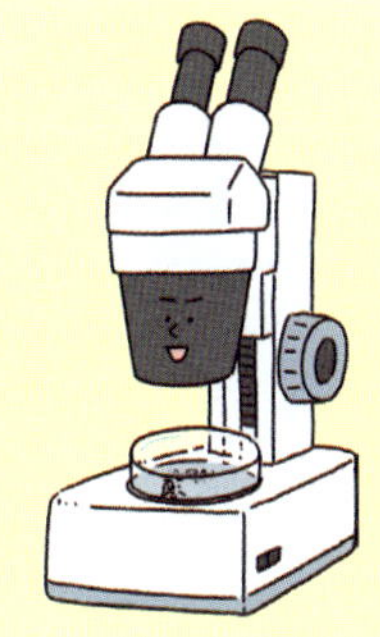

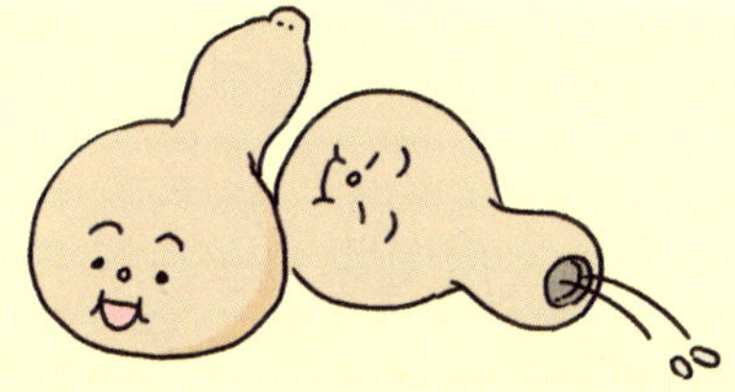

과학실과
비커 군

어느 학교…

과 학 실

드디어 나왔구나…

꿀꺽…

비커 군 책이다!!

비커 군과
과학실 용어 사전

우와~

실험기구
화학실험
과학 공부의 기초
역사 속 실험기구들
그리고
이번 책은… 이곳!!
과학실을 주제로
한 용어 사전이야!!
짜잔~~~
과학실을
자주 이용하는 사람은
물론
앞으로 과학실을
이용할 사람에게도
도움이 될 거야.
과학실이
어떤 곳인지부터
소개하자!
좋아~

과학실이란 어떤 곳?

실험이나 관찰을 하는 데 필요한 기구와 설비가 비치되어 있다.
그리고 구급함이나 소화용 모래 등 만일의 사태에
대비한 물건들도 있다.

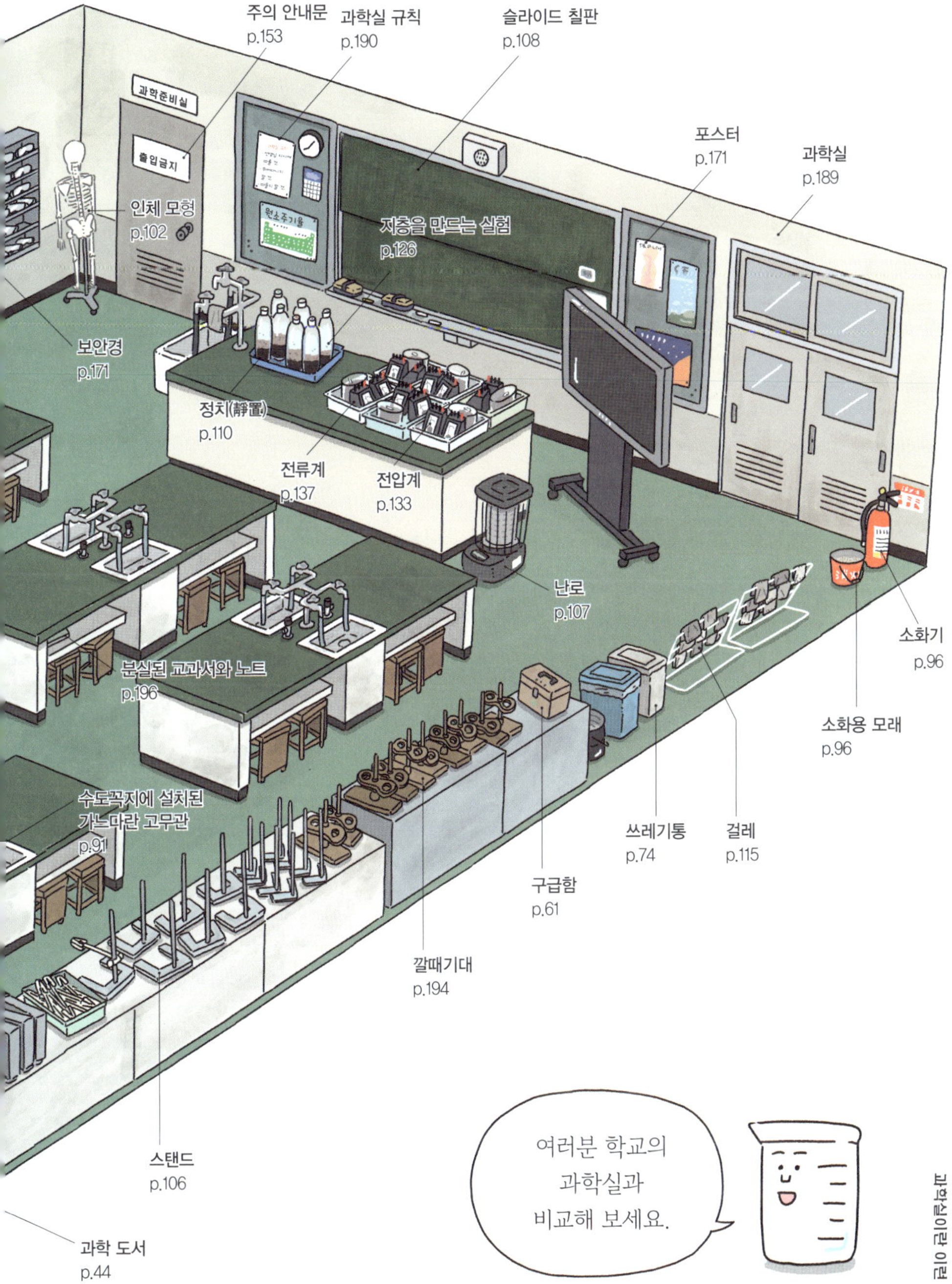

주의 안내문
p.153
과학실 규칙
p.190
슬라이드 칠판
p.108
포스터
p.171
과학실
p.189
과학준비실
출입금지
인체 모형
p.102
보안경
p.171
원소주기율
지층을 만드는 실험
p.126
정치(靜置)
p.110
전류계
p.137
전압계
p.133
난로
p.107
소화기
p.96
소화용 모래
p.96
분실된 교과서와 노트
p.196
수도꼭지에 설치된
가느다란 고무관
p.91
쓰레기통
p.74
걸레
p.115
구급함
p.61
깔때기대
p.194
스탠드
p.106
과학 도서
p.44
여러분 학교의
과학실과
비교해 보세요.

과학실에서 주로 하는 일

각 용어에 대한 페이지도 표시되어 있어요.

다양한 실험

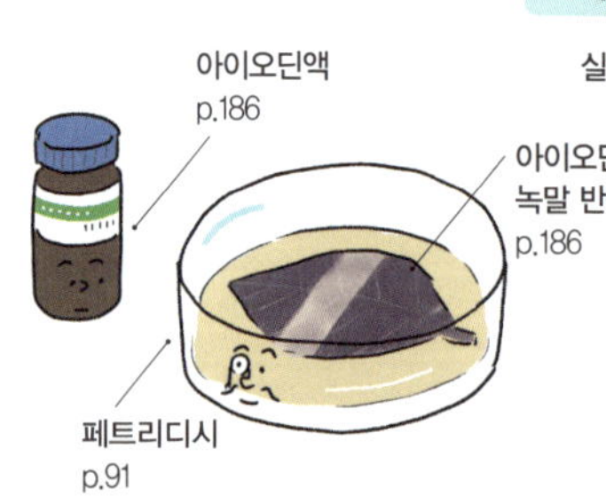

다양한 관찰

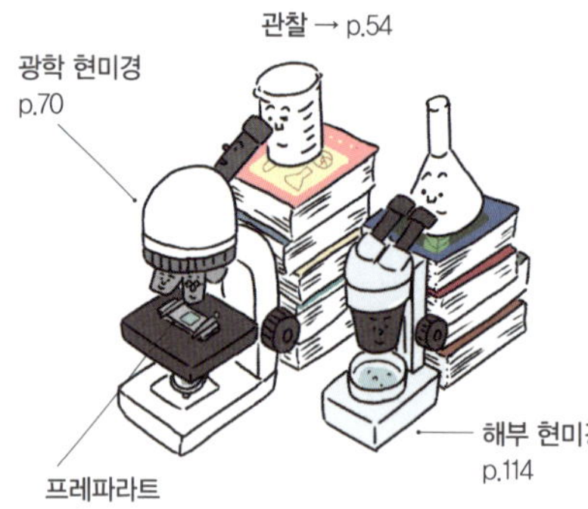

다양한 측정

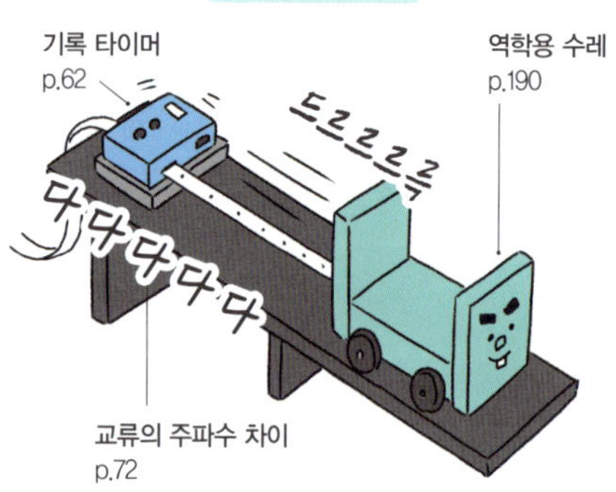

스케치

시연 실험

과학실에서
가끔 벌어지는 일

과학준비실이란 어떤 곳?

다양한 실험기구와 약품이 보관되어 있다.
여기서 선생님이 실험을 하기도 한다.

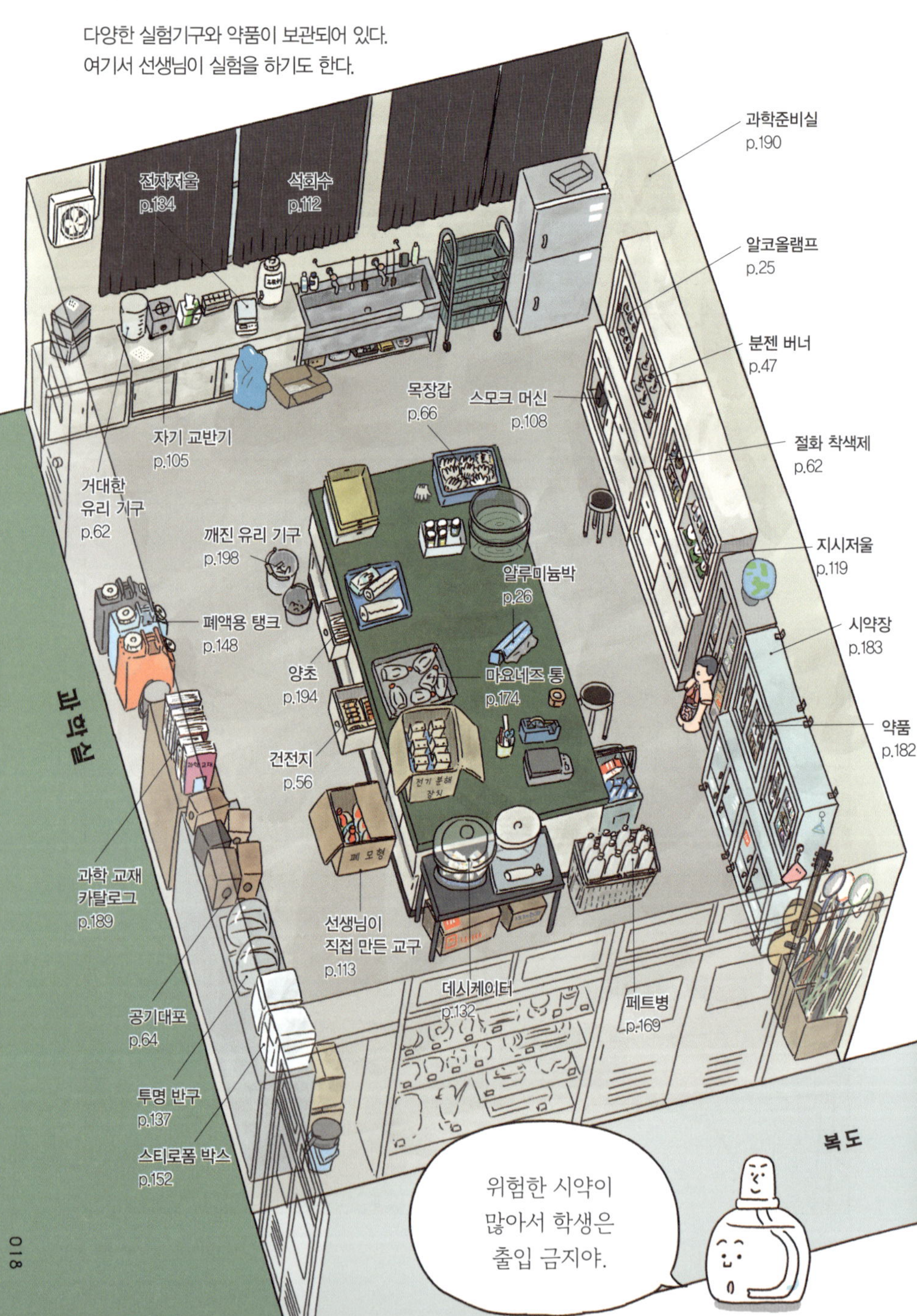

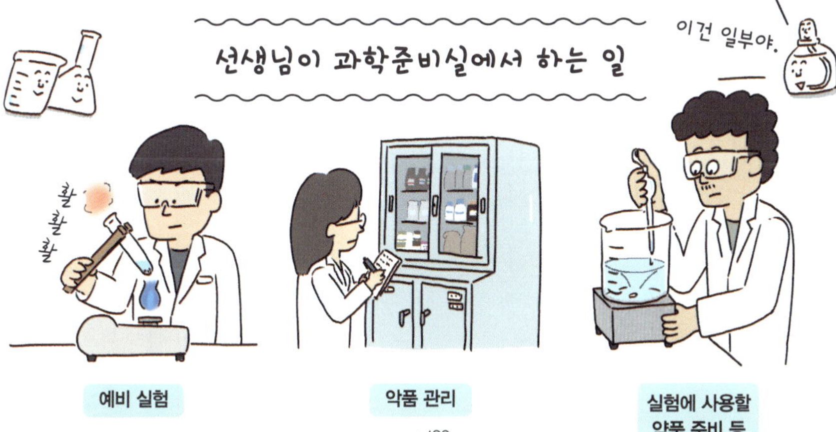

예비 실험

미리 실험해 보고 위험한 사항들을 확인한다.

약품 관리

→ p.182

실험에 사용할 약품 준비 등

과학실과 과학준비실 앞 복도

과거의 실험기구나 박제 등을 전시해 놓은 코너와
포스터나 학생들의 작품을 붙인 게시판 등이 있다.

과학 교육 뉴스
p.188

전시 코너
p.134

과학준비실

라디오미터
p.187

화석
p.48

라이덴병
p.187

학생 작품
p.111

분자 모형
p.168

과학준비실

부석
p.53

암석
p.55

골격 표본
p.73

박제
p.150

과학 도서
p.44

지층 모형
p.125

과학 교구를
전시해 놓기도 해.

전시 코너는
언제 봐도
재밌어.

맞아~

얘들아~
이쪽도 봐주라~

맞아, 밖에도
있었지.

안녕,
백엽상 형님!

학교 건물 밖

백엽상이나 수세미, 관찰용 식물 등
야외에도 과학과 관련된 다양한 것이 있다.

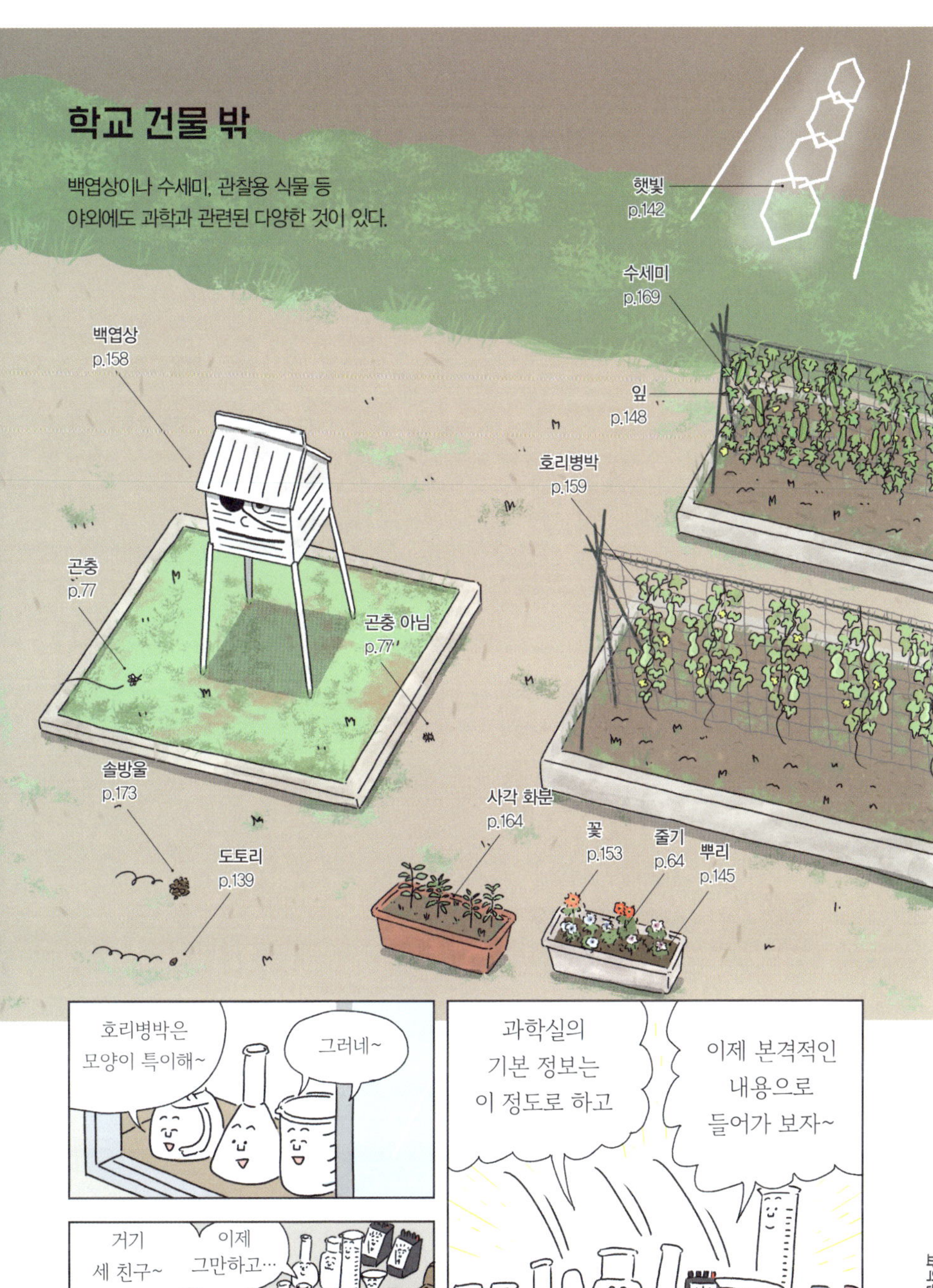

이 책을 읽는 방법

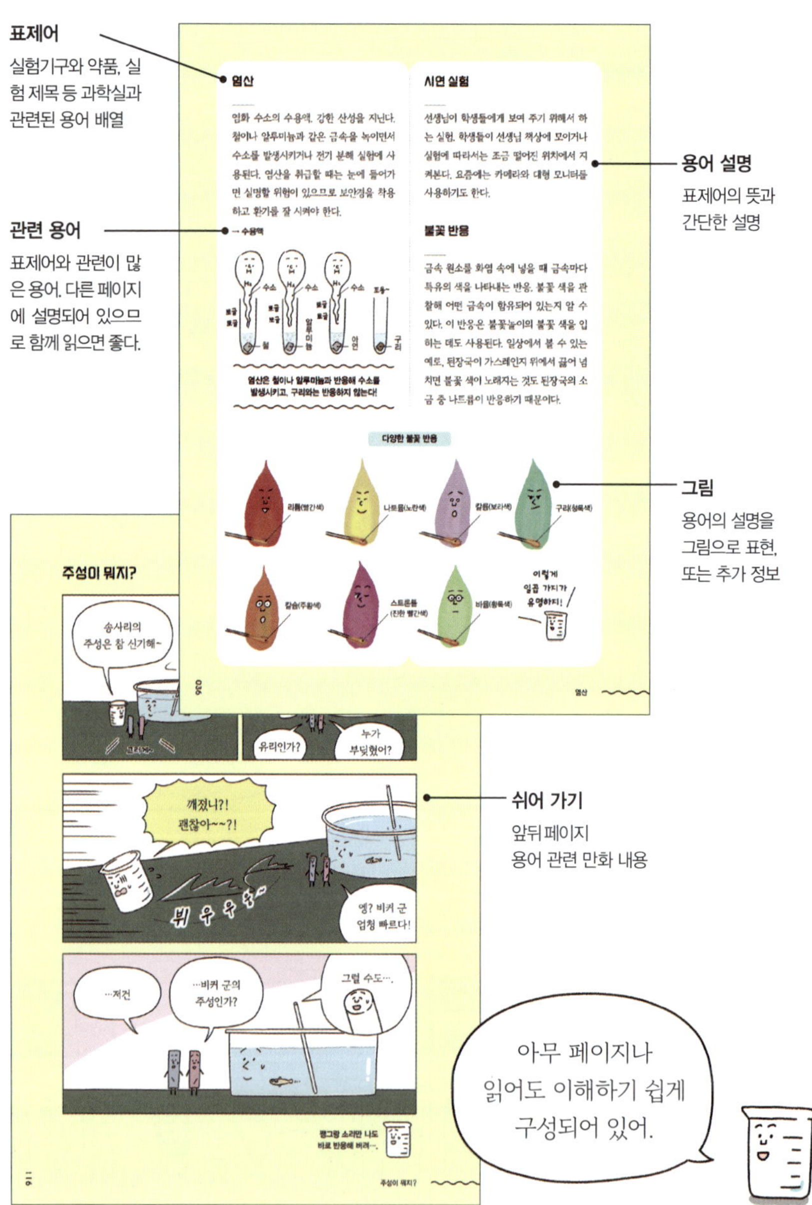

표제어
실험기구와 약품, 실험 제목 등 과학실과 관련된 용어 배열

관련 용어
표제어와 관련이 많은 용어. 다른 페이지에 설명되어 있으므로 함께 읽으면 좋다.

용어 설명
표제어의 뜻과 간단한 설명

그림
용어의 설명을 그림으로 표현, 또는 추가 정보

쉬어 가기
앞뒤 페이지 용어 관련 만화 내용

과학실 용어 사전

아이스크림 만들기

———

재미있는 실험 중 하나. 일반적으로 얼음만 이용하면 온도가 0℃까지만 떨어지는데, 소금과 물을 섞으면 온도를 약 –20℃까지 내릴 수 있다. 이 현상을 이용해서 아이스크림을 만든다.

→ 한제, 재미있는 실험

소금과 얼음으로 냉각시켜 만드는 아이스크림

❶ 그릇에 달걀 1개, 설탕 30g, 우유 200㎖를 섞어 작은 지퍼백에 넣는다.

❷ 큰 지퍼백에 소금 150g, 얼음 500g을 넣고 주물러 잘 섞는다.

❸ ②에 ①을 넣고, 타월로 감싼 뒤 흔든다.

❹ 5분 정도 지나면 ① 안의 내용물이 굳는다.

빈 캔

———

내용물을 비운 캔. 사물의 연소를 확인하는 실험에 많이 사용된다. 캔을 두 개 준비해, 옆면의 바닥 부근에 구멍을 뚫을 때와 뚫지 않을 때 연소하는 모양의 차이를 확인한다. 구멍이 있으면 공기가 잘 통해 더 격렬하게 연소한다.

→ 유리종

빈 캔 군

아스피레이터

———

수돗물의 흐름을 이용해서 압력을 내리는 기구. 두 군데 부착된 고무관 중 하나는 수도꼭지에, 또 하나는 용기(감압 플라스크 등)에 연결한다. 아스피레이터 내부로 물이 흐르면 물의 흐름과 함께 용기 안의 공기가 빠지면서 압력이 떨어지는 원리다. 흡인 거르기를 할 때 쓰인다.

→ 거름

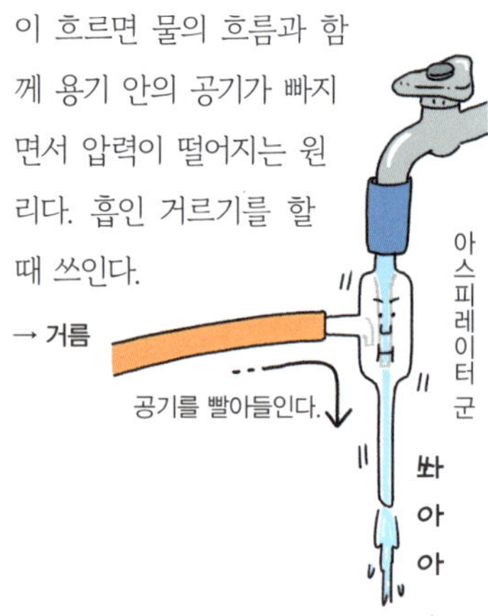

압력

———

어떤 면에 힘이 가해질 때 그 힘의 수직 방향의 크기를 넓이로 나눈 값. 예를 들어 연필의 양 끝을 손가락으로 누를 때 같은 힘을 주더라도 뾰족한 쪽을 누른 손가락이 더 아프다. 이는 뾰족한 쪽은 넓이가 작아

그만큼 압력이 크기 때문이다.

→ 수압, 대기압

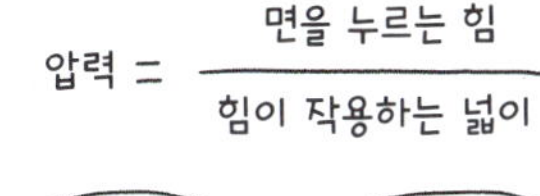

$$압력 = \frac{면을\ 누르는\ 힘}{힘이\ 작용하는\ 넓이}$$

알칼리

물에 녹는 수용액으로 만들었을 때 염기성을 나타내는 물질. 염기성 수용액은 빨간색 리트머스 종이를 파란색으로, 페놀프탈레인액을 무색에서 붉은색으로, 그리고 BTB(Bromothymol blue) 용액을 초록색에서 파란색으로 변화시킨다.

→ 산, pH 지시약, 리트머스 종이

알코올램프

가열 기구의 한 종류. 약한 불로 가열해 실험할 때 사용하기 가장 좋은 도구다. 운반하기 쉽다는 장점이 있다. 그러나 화력을 조절하기 어렵고, 알코올이 엎질러질 위험성이 있어 최근에는 초등학교에서 거의 사용하지 않는다.

→ 실험용 가스버너, 안 쓰이게 된 기구

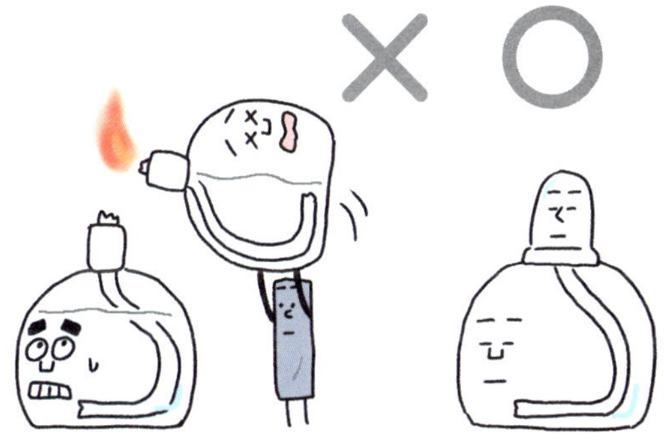

불이 켜진 상태에서 운반하지 않는다.

알코올램프끼리 점화하지 않는다.

장시간 사용하지 않을 때는 알코올을 비워 놓는다.

알코올램프 뚜껑

알코올램프의 불을 끄는 용도로도 쓰이는 기구. 불을 끌 때는 불꽃의 대각선 위 방향에서 덮어씌운 뒤 곧바로 뚜껑을 한 번 열어야 한다. 그렇게 하지 않으면 나중에 뚜껑을 열 수 없거나 알코올이 뚜껑 안쪽에 묻어 다음 실험을 할 때 불이 옮겨붙을 위험이 있다. 뚜껑이 유리 재질인 경우 뚜껑과 알코올램프 본체가 딱 맞게 제작되어 있으므로 다른 램프와 섞이지 않도록 주의해야 한다. 이처럼 주의 사항이 많아 초등학교 과학 수업에서 사용하지 않게 되었는지도 모른다.

→ 빠지지 않아…

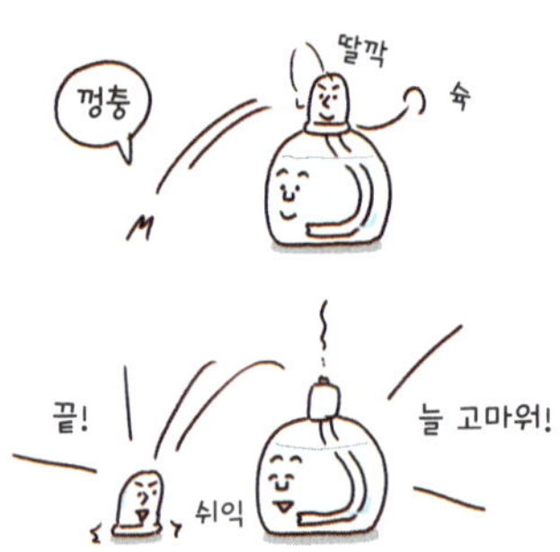

알루미늄 포일

금속의 일종인 알루미늄을 얇은 막으로 만든 것. 은박지라고도 한다. 전기와 관련한 실험이나 잎의 광합성을 알아보는 실험 등에 쓰인다. 건전지를 알루미늄박으로로 싸면 발열이 일어나 위험하므로 절대로 해서는 안 된다.

→ 하면 안 되는 일들

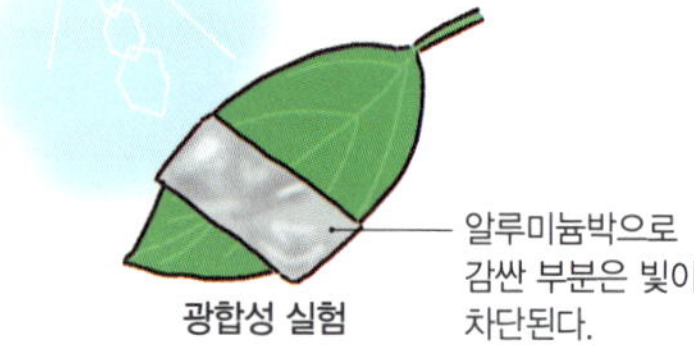

실험에서 알루미늄박의 용도

안전제일

과학실을 이용할 때, 특히 실험할 때 가장 신경 써야 할 사항. 조심하지 않으면 사고가 일어나거나 부상을 입을 가능성이 있다. 실험에서 유리 기구와 약품, 불이나 전기를 사용할 때는 특히 주의해야 한다. 실험 준비나 끝난 후 정리할 때도 긴장을 늦추면 안 된다. 과학실에서는 선생님의 지시와 과학실 규칙을 반드시 지키자.

→ 하면 안 되는 일들, 정리정돈, 주의 안내문, 과학실 규칙

암모니아

코를 찌르는 자극적인 냄새가 나는 무색의
유독 기체. 물에 매우 잘 녹으며, 암모니아
수용액(암모니아수)은 염기성을 띤다. 암모
니아와 암모니아수 모두 위험해 시약장에
서 엄격하게 보관해야 한다.

→ 희석, 냄새 맡는 방법, 시약장

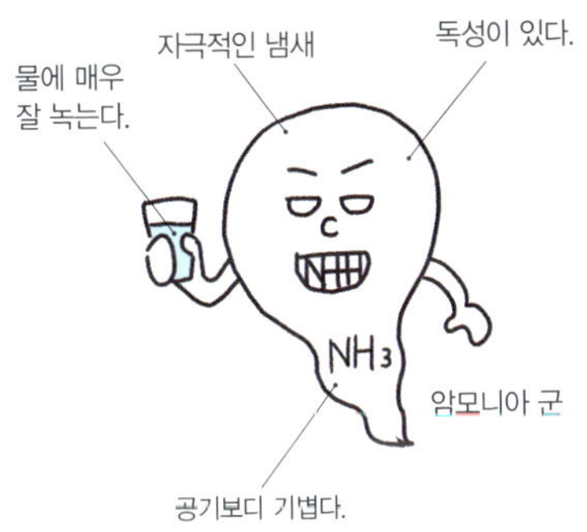

암모니아 분수

암모니아 기체가 물에 매우 잘 녹는 성질
을 이용한 실험. 암모니아가 가득 찬 플라
스크 안에 물을 소량 넣으면 물에 암모니
아가 녹으면서 플라스크 안의 압력이 내려
간다. 그러면 비커의 물이 빨려 올라가면
서 플라스크 안에서 물이 힘차게 뿜어져
나온다. 비커의 물에 페놀프탈레인액을 넣
어 두면 물의 색이 변한다. 눈이 즐거운 실
험이다.

→ pH 지시약

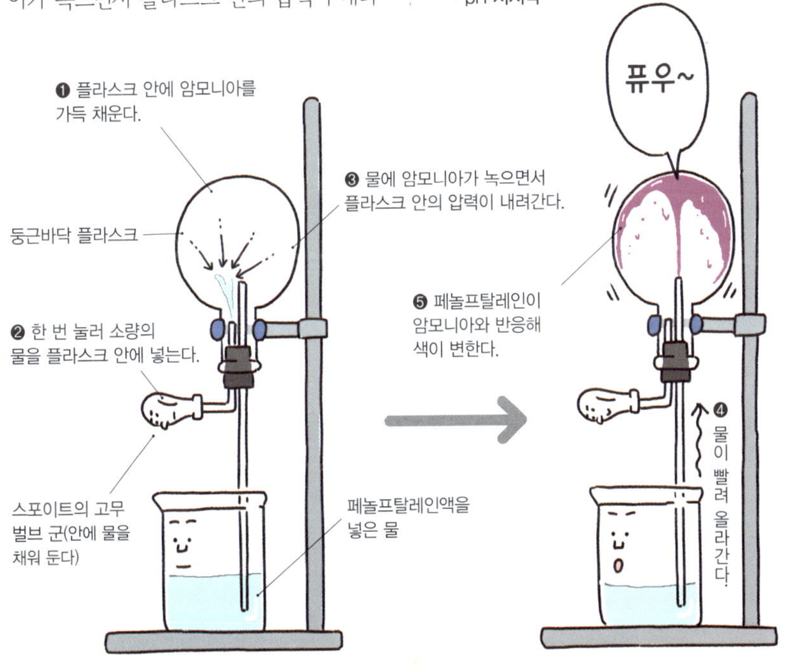

이온

전기를 띤 원자나 분자. 원자가 전자를 얻거나 잃으면 전기적 균형이 깨지면서 이온이 된다. 예를 들어 수소 원자는 전자를 1개 잃어 수소 이온이 된다.

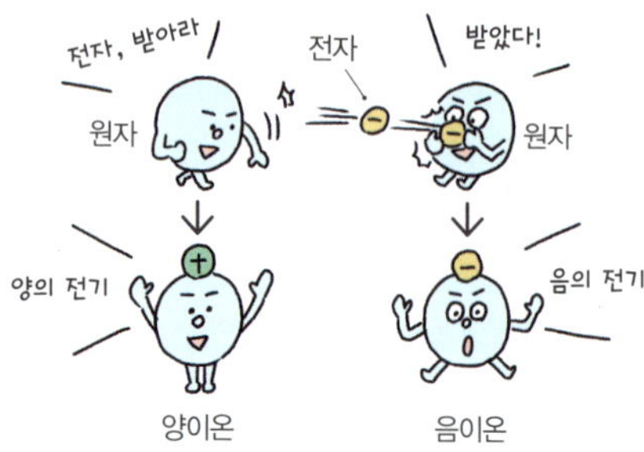

관다발

식물의 줄기 내부에 있는 물관(뿌리가 흡수한 물과 양분이 지나는 관)과 체관(잎에서 만든 양분이 지나는 관)이 모인 부분. 절화 착색제를 이용해 쌍떡잎식물과 외떡잎식물의 관다발 차이를 관찰할 수 있다.

→ 절화 착색제

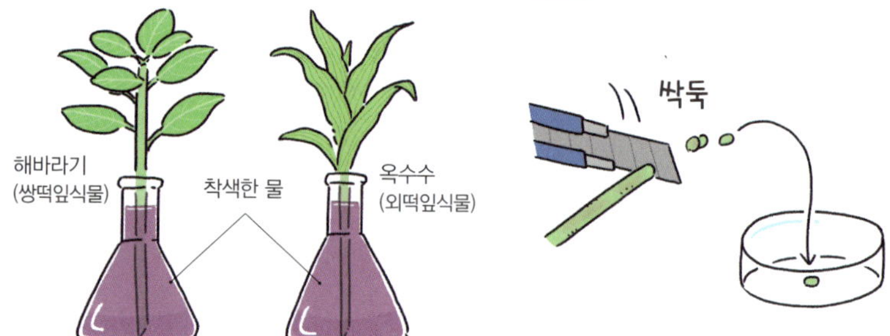

❶ 착색한 물에 식물을 꽂아 놓고 몇 시간 동안 그대로 둔다.

❷ 칼로 줄기를 작게 자른다.

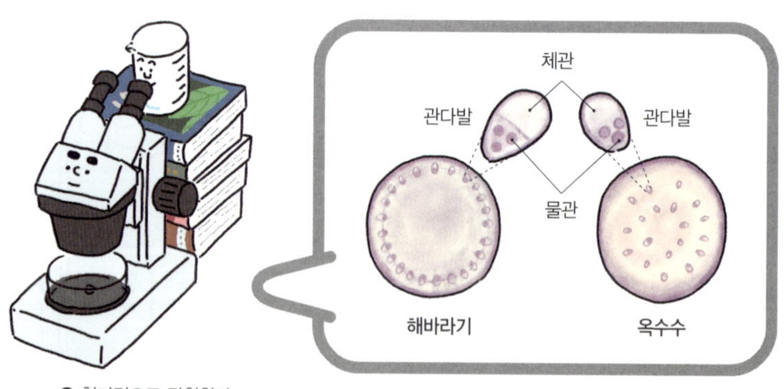

❸ 현미경으로 관찰한다.

쉬어 가기 | 관다발은 동물에 있을까, 식물에 있을까?

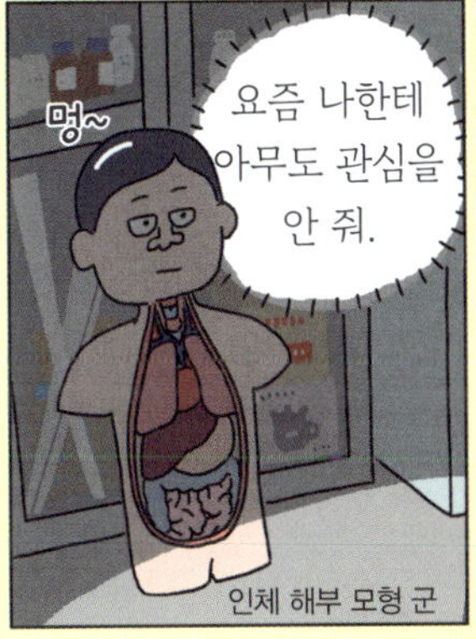

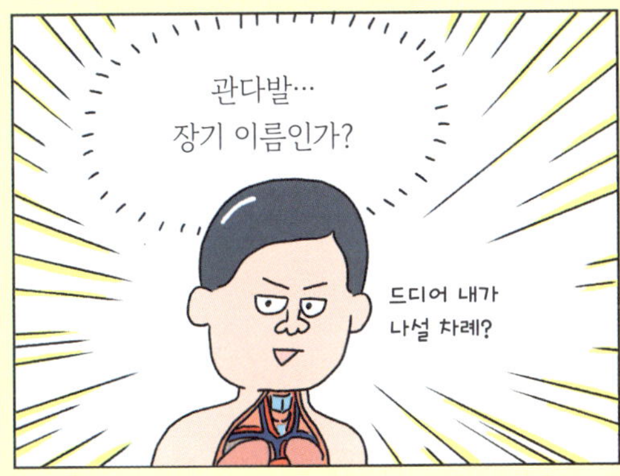

살아 있는 화석

지층에서 발견되는 화석의 생물들과 달리 몸의 형태나 특징이 거의 변하지 않은 채 현재까지 살아남아 있는 생물. 영어로는 'living fossil'이라고 한다. 실러캔스, 투구게, 도롱뇽 등을 비롯해 은행나무와 메타세쿼이아 등의 식물도 여기에 속한다.

→ 화석

* 수심 100~400m에서 서식하는 심해성 고둥의 한 종류.

석면

천연 섬유상 광물 중 하나. 아스베스토스 또는 돌솜이라고도 한다. 풀면 솜처럼 된다. 보온재, 내화재로 건물 등에 사용되었으나 석면 먼지가 인체에 해롭다는 사실이 알려지면서 현재는 제조 및 사용이 금지되었다. 과학실에서는 1980년대 후반까지 가열망의 흰색 부분에 사용되었으나 현재는 세라믹으로 대체되었다.

→ 가열망

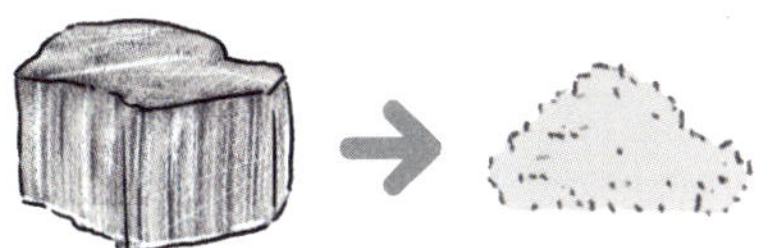

광물 석면　　　　가공품 석면

실 전화

소리의 성질을 배울 수 있는 장난감. 단순하지만 실제로 해보면 재미있다. 실과 종이컵을 이용해서 만든다. 목소리가 들릴 때 실을 만져 보면 떨림이 느껴진다. 실을 당기거나 느슨하게 하면 어떤 변화가 생기는지 등 소리에 대해 다양한 실험을 할 수 있다.

→ 소리의 성질, 과학 교구

음극선

진공 속으로 전류를 흘렸을 때 음극에서 양극을 향해 방출되는 전자 빔. 보통 눈에 보이지 않지만, 형광판 등을 이용하면 볼 수 있다.

→ 크룩스관, 전자

윗접시 저울

좌우 접시의 수평 정도로 질량을 측정하는 기구. 측정하고자 하는 물체를 한 쪽 접시에 올려놓고, 다른 쪽 접시에 분동을 올려 가면서 바늘의 흔들림을 관찰한다. 바늘의 흔들림 정도가 좌우 같으면 균형이 잡힌 것을 의미하며, 이때 분동의 합계가 물체의 질량이 된다. 요즘 초등학교에서는 윗접시 저울보다 측정하기 쉬운 전자저울을 더 많이 사용한다.

→ 질량, 안 쓰이게 된 기구, 분동

윗접시 저울 군

운동장 모래

운동장에서 가져온 모래. 간혹 양동이에 넣어 과학실에 보관한다. 물이 스며드는 모습을 관찰하는 실험이나 지층을 만드는 실험 등에 사용한다. 소화용 모래와는 용도가 다르지만, 응급할 경우에는 대신 사용할 수도 있다.

액화 질소

액체 상태의 질소. 무색무취로 −196℃다. 시각적으로 쉽게 이해할 수 있는 실험이 가능하다. 단, 액화 질소는 동상이나 파열 등 위험한 상황이 벌어질 수 있으므로 반드시 성질을 숙지한 지도자가 취급해야 한다.

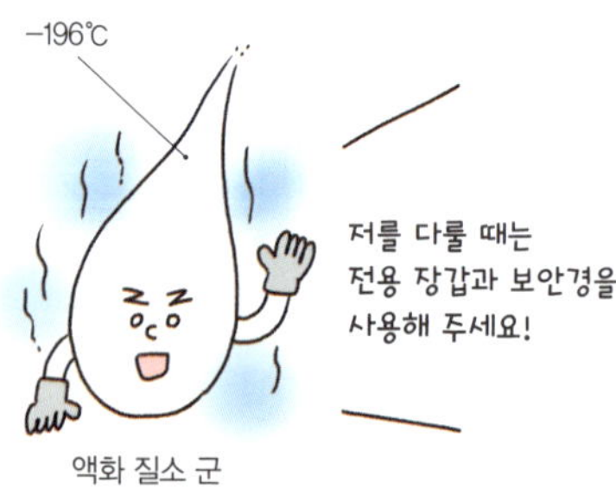

액화 질소 운반 용기

액화 질소를 운반하거나 일시적으로 보관 하기 위한 용기. 액화 질소는 절대로 밀폐하면 안 되므로 운반 용기의 뚜껑이 가볍게 덮는 구조로 되어 있다.

액화 질소를 이용한 간단한 실험

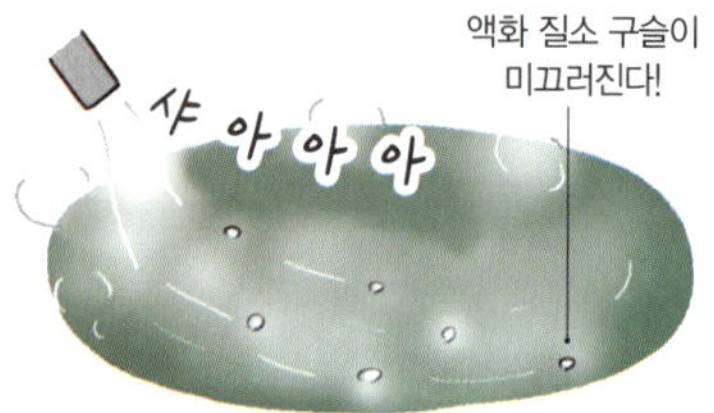

책상 위에 흘린다.

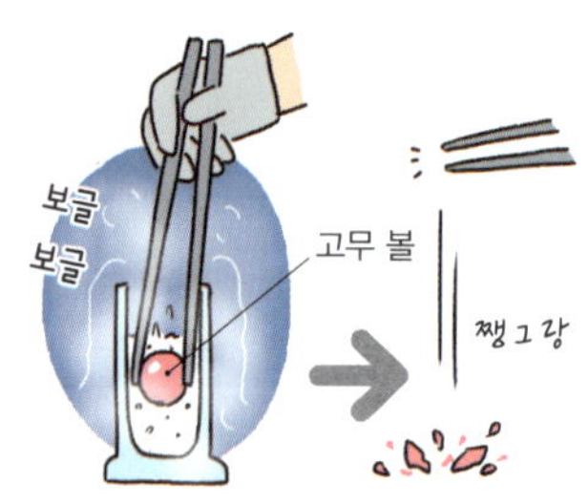

고무 볼을 냉각시킨다.

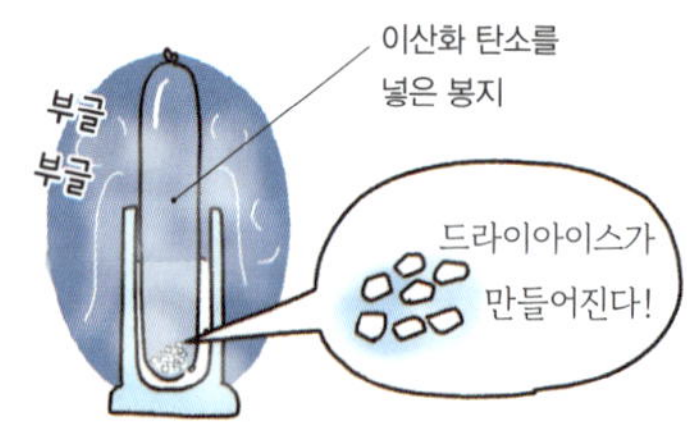

이산화 탄소를 냉각시킨다.

냄새의 정체?

킁킁~
어? 이상한 냄새가 나는데…

냄새의 원인을 찾아볼까?
그러자.

기체가 발생하는 실험은 아니네.
그러게.

그럼 대체 어디서?
끙…

저쪽에서 난다.
설마 유독 가스?

여기서 나네!
껑충
실험용

헉! 이건~

개똥이잖아!
양동이 군! 일어나!
실험용
운동장 모래에 섞여 있었어요.

가끔 섞여 들어오기도 한대~

메탄올

특유의 향이 나는 무색 액체. 에틸알코올
이라고도 한다. 쉽게 증발하며 불을 붙이
면 연소한다. 잎의 탈색과 증류 실험에 쓰
인다. 메탄올(메틸알코올)과 이름이 비슷해
혼동하기 쉬우나, 메탄올은
인체에 유해하므로 주의해
야 한다. 메탄올은 자극적
인 냄새가 나며 조금만 마
셔도 실명하거나 사망할 수
있다.

→ 증류

에나멜선

구리선을 에나멜(전기가 통하지 않는 도료)
로 코팅한 것. 전자석을 만들 때 쓰인다. 에
나멜 부분을 사포로 벗기면 안의 구리선
이 나오는데, 이를 이용해서 간단한 모터
를 만들 수 있다.

→ 코일, 전자석

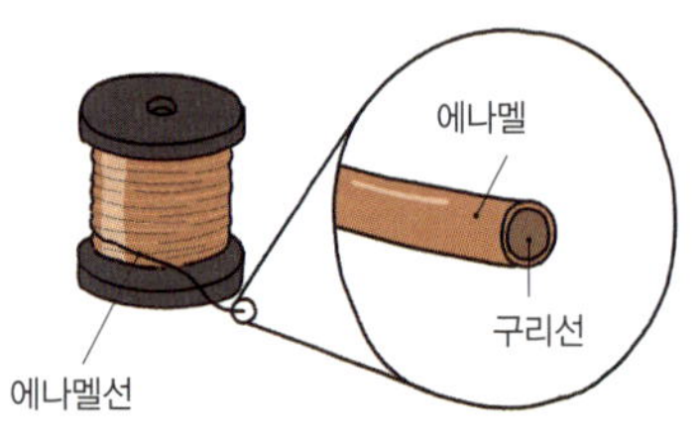

에너지

물체에 힘을 가해 이동시키고, 액체를 기체
로 변화시키는 등 물질을 변화시키는 힘.
이 힘의 크기를 나타내는 단위는 줄(J)이
다. 에너지의 종류는 다양하며, 서로 변환
할 수도 있다.

다양한 에너지

아가미 호흡

어류나 양서류의 새끼(올챙이 등)가 호흡하는 방식. 아가미에 있는 혈관을 통해 물속에 녹아 있는 산소를 들이마시고, 이산화탄소를 몸 밖(물속)으로 내보낸다.

염

산과 염기의 중화로 생성되는 물 이외의 화합물. 예를 들어 염산과 수산화 나트륨이 반응하면 염화 나트륨과 물이 만들어진다. 염화 나트륨은 소금이다.

→ **중화**

중화 반응의 예

$$HCl + NaOH \rightarrow NaCl + H_2O$$

염산	수산화 나트륨	염화 나트륨	물
산	염기	염	

염화 수소

코를 찌르는 자극적인 냄새가 나는 무색의 유독한 기체. 물에 매우 잘 녹으며, 수용액(염산)은 강한 산성을 띤다. 공기보다 무거우므로 집기병에 모을 때는 하방 치환법을 이용한다.

→ **기체 포집 방법**

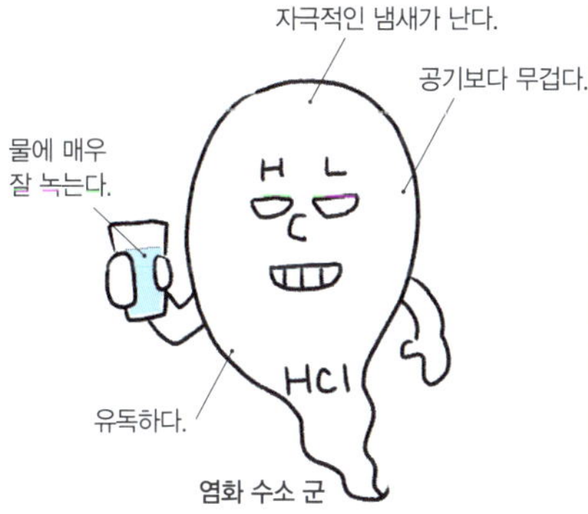

염화 나트륨

분말의 백색 물질. 소금이라고도 한다. 물에 대한 용해도나 재결정, 어는점(응고점) 내림 등 다양한 실험에 자주 쓰인다. 염화 나트륨과 실을 이용한 재미있는 얼음낚시 실험도 있다.

→ **한제, 재결정**

염화 나트륨을 이용한 얼음낚시

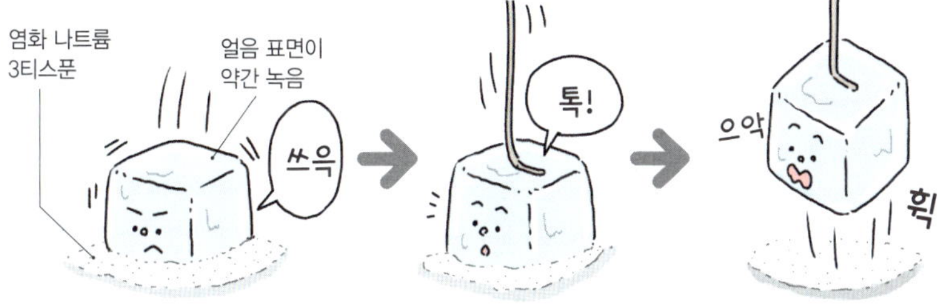

❶ 염화 나트륨 위에 얼음을 놓는다.   ❷ 얼음 위에 실을 얹고 1분 동안 기다린다.   ❸ 낚시 성공!

염산

염화 수소의 수용액. 강한 산성을 지닌다. 철이나 알루미늄과 같은 금속을 녹이면서 수소를 발생시키거나 전기 분해 실험에 사용된다. 염산이 눈에 들어가면 실명할 위험이 있으므로, 취급할 때는 보안경을 착용하고 환기를 잘 시켜야 한다.

→ 수용액

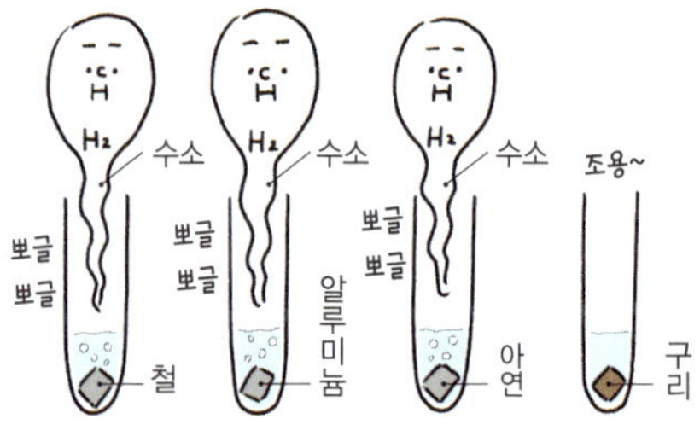

염산은 철이나 알루미늄과 반응해 수소를 발생시키고, 구리와는 반응하지 않는다!

시연 실험

선생님이 학생들에게 보여 주기 위해서 하는 실험. 학생들이 선생님 책상에 모이거나 실험에 따라서는 조금 떨어진 위치에서 지켜본다. 요즘에는 카메라와 대형 모니터를 사용하기도 한다.

불꽃 반응

금속 원소를 화염 속에 넣을 때 금속마다 특유의 색을 나타내는 반응. 불꽃 색을 관찰하면 어떤 금속이 함유되어 있는지 알 수 있다. 이 반응은 불꽃놀이의 불꽃 색을 입히는 데도 사용된다. 일상에서 볼 수 있는 예로, 된장국이 가스레인지 위에서 끓어 넘치면 불꽃 색이 노래지는 것도 된장국의 소금 중 나트륨이 반응하기 때문이다.

다양한 불꽃 반응

원심력

회전 운동을 하는 물체가 중심에서 바깥쪽을 향해 작용하는 힘. 양동이에 물을 넣고 휙휙 돌려도 물이 흘러나오지 않는 것은 원심력에 의해 물이 양동이 바닥에 밀착되기 때문이다.

염소

코를 찌르는 자극적인 냄새가 나는 황록색의 유독한 기체. 염소가 소량 물에 녹으면 살균 작용이 있다. 수돗물이나 수영장에는 일정 기준량의 염소가 들어 있다. 단, 물에 녹은 염소는 염화물의 이온이 되는데, 낮은 농도는 인체에 거의 해가 없다.

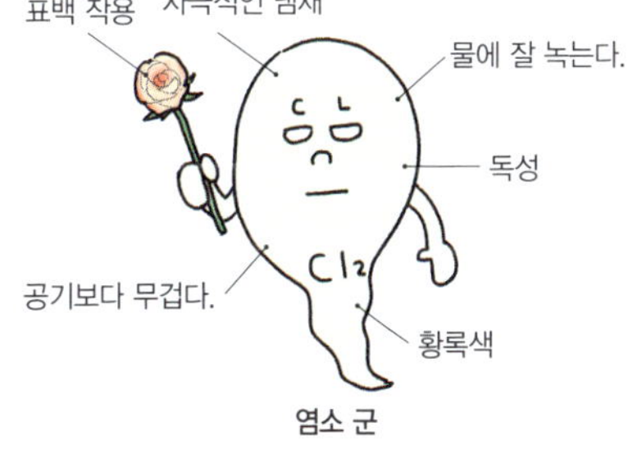

굴뚝 효과

굴뚝 안에서 일어나는 공기의 흐름. 물체가 연소하면 공기는 온도가 상승하면서 굴뚝을 타고 위로 올라간다. 이때 밑에서 차가운 공기가 들어와 굴뚝 내부에 공기가 위로 올라가는 흐름이 만들어진다. 이 효과는 빈 캔이나 유리종을 이용한 실험으로 확인할 수 있다.

→ 빈 캔, 유리종

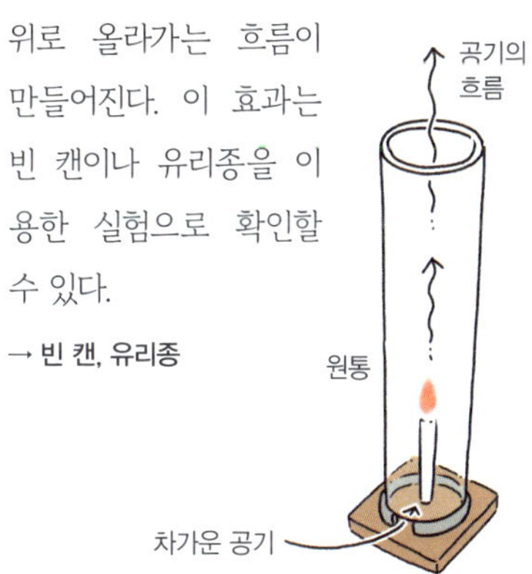

옴의 법칙

회로에 흐르는 전류, 전압, 저항의 관계를 나타내는 법칙. 쉽게 말해 전압이 크면 전류도 커지고, 저항이 크면 전류는 작아진다. 이 법칙을 발견한 독일 물리학자 게오르크 옴(Georg Ohm)의 이름에서 따왔다.

→ 회로

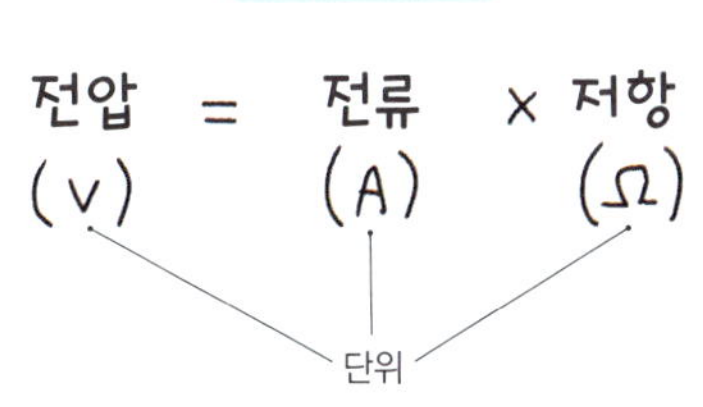

오실로스코프

전기나 소리의 변화(진동)를 파동으로 표시하는 장치. 소리는 파동의 모양에 따라 소리의 크기나 높이 등을 파악할 수 있다. 오실로스코프에 마이크를 부착해서 목소리나 악기 소리의 파형을 관찰하는 실험, 고등학교나 대학교에서는 전자 회로의 실험 등에 사용한다.

→ **기타**

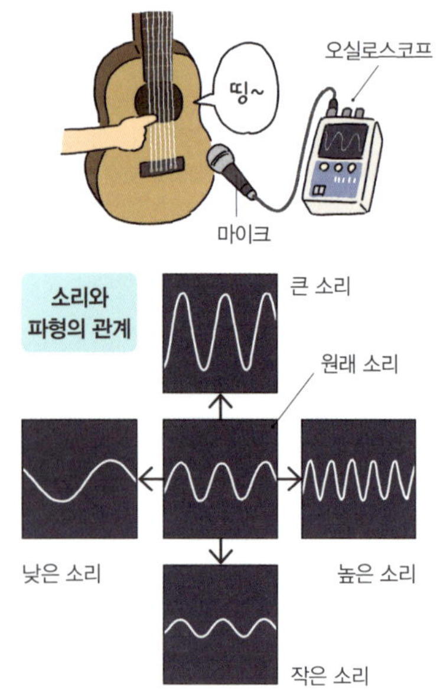

소리의 성질

소리란 물체가 진동할 때 그 진동이 주변으로 전달되는 것을 말한다. 공기뿐만 아니라 물이나 금속 안에서도 소리는 전파된다. 단, 매질*이 진동하지 않으면 전파되지 않아, 진공에서는 소리가 들리지 않는다.

→ **진공**

무게

물체에 가해지는 중력의 크기. 중량이라고도 한다. 용수철저울이나 지시저울을 사용해 무게를 측정한다. '질량'과 혼동하기 쉬운데, 무게와 질량은 개념이 다르다. 무게는 중력의 크기이므로, 지구와 달처럼 중력이 다른 곳에서는 같은 물체라도 무게가 달라진다.

→ **질량, 중력**

추

용수철이나 지레, 진자 등 실험에서 무게를 바꿔야 할 때 사용하는 도구. 여러 개 매달 수 있는 원통형 추를 무심코 탁상에 올려놓으면 때굴때굴 굴러 바닥으로 떨어지기 쉽다.

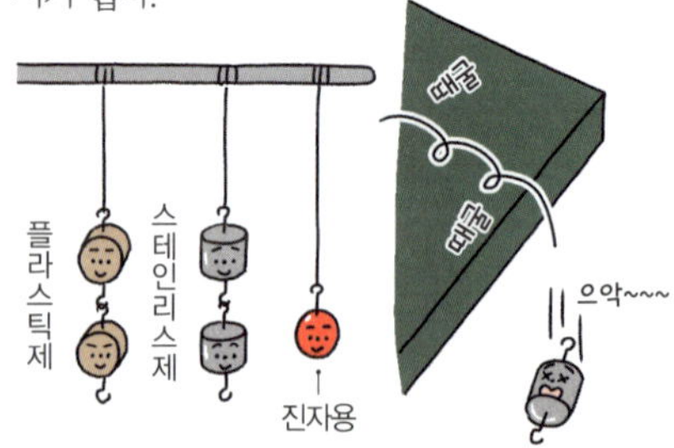

---

* 매질: 어떤 파동이나 물리적 파동을 다른 곳으로 옮겨 주는 매개물.

소리굽쇠

때리면 일정한 높이의 소리를 내는 U자 모양의 금속. 소리 실험에 사용한다. 소리굽

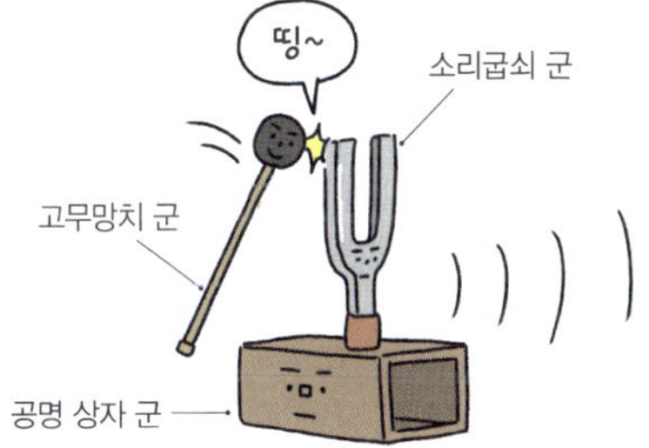

쇠 아래 붙어 있는 공명 상자는 소리를 크게 울리는 효과가 있다. 소리굽쇠는 악기 조율(소리의 높이를 맞추는 작업)에도 사용된다.

소리굽쇠와 길이의 관계

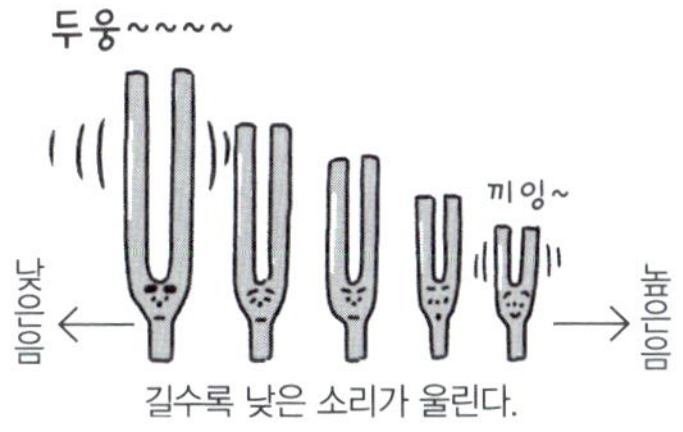

소리굽쇠를 이용한 실험

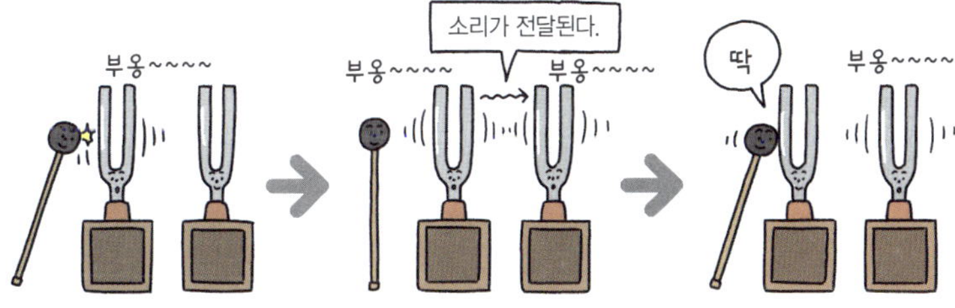

❶ 같은 높이의 소리가 울리는 소리굽쇠 중 하나만 두드려 소리를 울리게 한다.

❷ 다른 소리굽쇠에서 소리가 울린다(이를 공명이라고 한다).

❸ 한 쪽을 멈춰도 다른 쪽은 계속 울린다.

음속

소리가 전달되는 속도. 공기 중에서는 약 340m/s(초당 미터)*다. 기체보다는 액체, 액체보다는 고체에서 음속이 더 빨라진다. 예를 들어 물은 약 1500m/s, 유리창은 5440m/s다.

온도계

물체의 온도를 측정하는 기구. 증류 실험이나 물질이 녹을 때 온도와의 상관관계를 알아보는 실험 등에 쓰인다. 디지털 온도계도 있으나 초·중등학교에서는 막대 온도계를 주로 사용한다. 막대 온도계 안의 빨간 액체는 색소를 섞은 알코올이다.

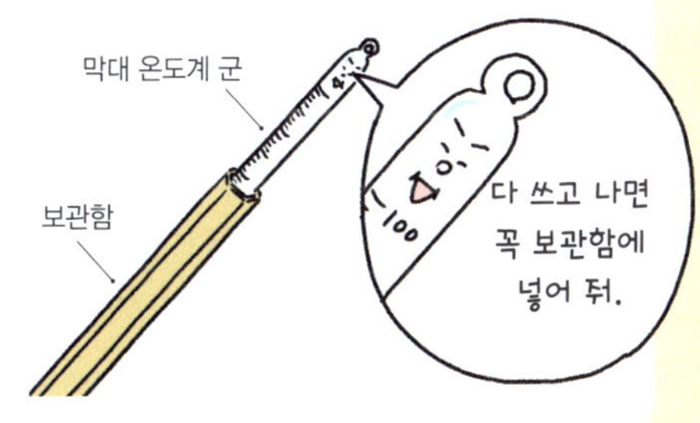

---

* 기온 15℃의 경우

온도계

막대 온도계 군,
그 빨간 액체는 뭐야?
궁금하니?
발광 다이오드 군

듣고 놀라지 마,
이건…
마법의 액체야!
장난쳐야지
—100

우와!
마법의 액체라고?!
어라, 농담을
진담으로 받네?
하
하
하 —100

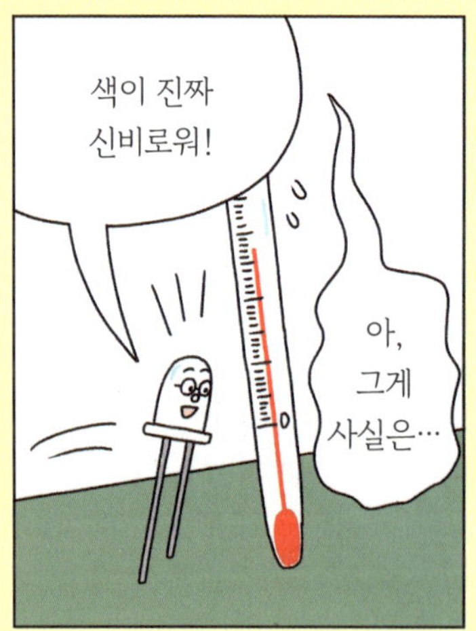
색이 진짜
신비로워!
아,
그게
사실은…

…미안,
농담이야.
마법의 액체
따윈 없어.
사실은 색소를
섞은 알코올이야.
등유는 온도에 따라
부피가 변해.
알코올!
오~ 몰랐어~

또 하나 배웠다!

알코올램프에 관한 추억

· 알코올램프 → p.25 · 알코올램프 뚜껑 → p.26

실험실이나 과학실이라는 단어를 들으면 바로 머릿속에 알코올램프가 떠오르죠. 제가 알코올램프의 실물을 처음 본 건 초등학교 때 선생님의 시연 실험이었어요. 실험 내용은 새까맣게 잊어버렸어요. 뚫어져라 알코올램프만 쳐다봤던 걸로 기억해요.

알코올램프의 매력을 나열하자면, 듬직해 보이는 외모(안전성을 높이기 위한 디자인), 심지를 받쳐 주는 하얀 애자(열에 강하고 잘 변형되지 않는 재료 사용), 꿈틀거리는 게 마치 살아 있는 것 같은 심지(자유자재로 휘는 모세관 소재!) 등을 들 수 있겠지만, 저는 뭐니 뭐니 해도 '뚜껑'이 가장 매력적입니다. 두꺼운 유리로 만들어지고 때굴때굴 구를 것 같은 러블리한 디자인, 살짝 파인 머리꼭지, 램프 본체와 딱 맞닿는 부분의 두건 띠…. 그 자체만으로 소유 욕구를 마구 불러일으키는 사랑스러운 모습(실제로 본체가 망가진 알코올램프 뚜껑을 선생님께 양해를 구하고 가져온 적도 있습니다). 그런데 알코올램프 뚜껑에는 이런 매력들을 훨씬 능가하는 초울트라 메가슈퍼 기능이 있답니다! 그걸 실제로 체험한 적이 있어요….

알코올램프에 반해 버린 직후였어요. 앉으나 서나 알코올램프 생각에 빠져 상사병에 걸릴 지경이었던 저를 보다 못해, 아버지께서 알코올램프를 직접 만들어 주셨어요(사주시지 않음ㅠㅠ). 손재주가 좋으셨던(저랑 정반대) 아버지는 작은 조미료 병을 본체로, 라이터 기름(그래서 불꽃 색이 주황색이었음)을 연료로, 꼰 거즈를 심지로(착한 어린이는 따라 하지 마세요) 해서, 알코올램프를 뚝딱 만드셨습니다. 그리고 제 눈앞에서 점화식을 거행하고 너무나 완벽하게 불붙이기에 성공하셨죠. 그런데 그 뒤로 두 시간 동안 어린 저는 꼼짝없이 불타는 모습을 지켜봐야 했습니다. 왜냐고요? 뚜껑을 만들지 않았기 때문에 불을 끌 수 없었던 거죠. '불을 사용할 때는 절대로 자리를 떠나면 안 된다'는 규칙을 반드시 지켜야 한다고 믿었거든요(지금도 그 생각에는 변함없음). 그래서 연료가 다 타서 없어질 때까지 옆에서 지켜보았답니다. 이때 알코올램프 뚜껑의 위대함을 뼈저리게 느끼면서 뚜껑을 추앙하게 된, 소년 시절의 아름다운 추억입니다.

그 후(어른이 되고) 소원성취하면서 돈을 주고 산, 제대로 된 알코올램프는 글쎄 뚜껑이 플라스틱제로 바뀌어 엄청 충격을 받았습니다. 수소문 끝에 유리제 알코올램프를 구한 건 어쩌면 당연하다고 할 수 있는데, 그 알코올램프를 지금까지 한 번도 쓰지 않고 수납장 안에 처박아 놓고 있다는 사실은 입이 찢어져도 말할 수 없는 비밀입니다(학교 예산으로 샀거든요… 아, 이제 들통났겠네요).

—야마무라 신이치로

회로

전류가 흐르는 길. 전기 회로라고도 한다. 전기가 양극에서 음극을 향해 외길로 흐르도록 꼬마전구나 전지를 연결하는 것을 직렬 회로, 가지가 뻗어 나가듯 연결하는 방법을 병렬 회로라고 한다. 참고로, 꼬마 전구나 모터 등 저항이 되는 물체가 없는 상태로 전지의 양극과 음극을 연결해서는 안 된다. 이런 것을 '단락(쇼트) 회로'라고 하는데, 전지가 발열하거나 파열될 가능성이 있어 매우 위험하다.

→ 도선

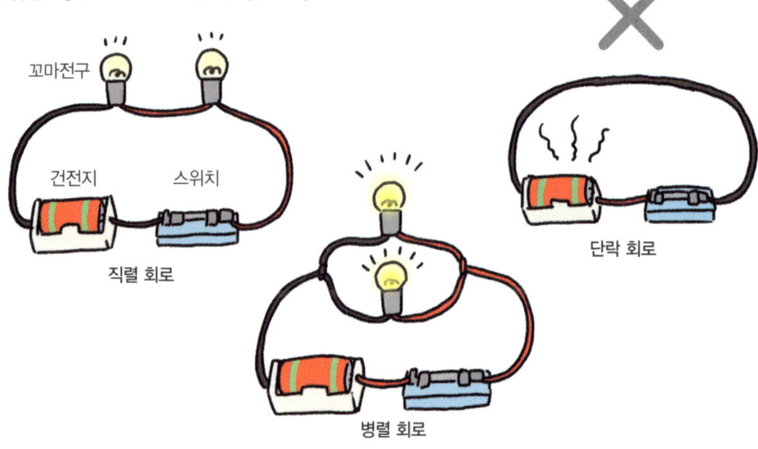

가우스 가속기

네오디뮴 자석과 쇠구슬을 이용한 쇠구슬 가속 장치. 쇠구슬을 때굴때굴 굴려 강력한 자석에 부딪히면 반대편에 있는 쇠구슬이 엄청난 속도로 튀어 나가는, 매우 신기하고 재미있는 실험이다. 이는 쇠구슬이 강력한 자석에 부딪히는 순간 가속하면서 그 에너지가 반대편 쇠구슬로 전달되는 원리다.

→ 과학 교구

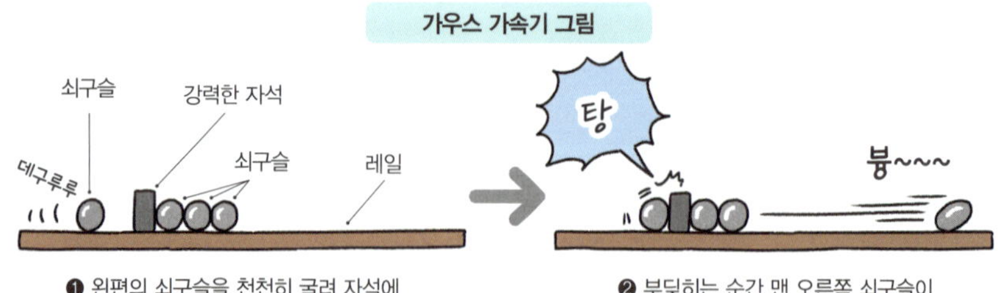

❶ 왼편의 쇠구슬을 천천히 굴려 자석에 부딪힌다.

❷ 부딪히는 순간 맨 오른쪽 쇠구슬이 엄청난 속도로 튀어 나간다.

자연 과학

실험이나 관찰을 통해 자연계에서 일어나는 현상이나 법칙을 밝혀내는 학문. 과학이라 불리는 교과는 지금까지 자연 과학에서 규명된 사실들을 토대로 한다.

화학

자연 과학의 한 분야이자 과학 교과목의 하나. 물질의 성질이나 구조, 물질 사이의 반응 등이 연구 대상이다.

과학 교구

과학에 흥미를 갖고 공부에 재미를 느끼게 만드는 장난감. 꼭 공부가 아니라 '재미'만 느껴도 괜찮다. 교구를 통해 '왜 이렇게 될까?' 궁금증이 생긴다면 그 원리를 조사해 보자.

다양한 과학 교구

영구 팽이
팽이 속 자석과 본체 속 코일이 작용해 계속 회전한다.

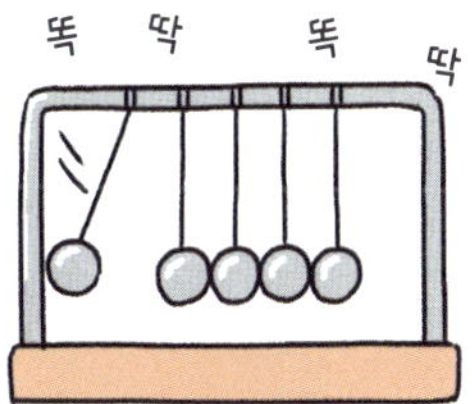

뉴턴의 요람
쇠구슬이 진자처럼 반복적으로 충돌한다.

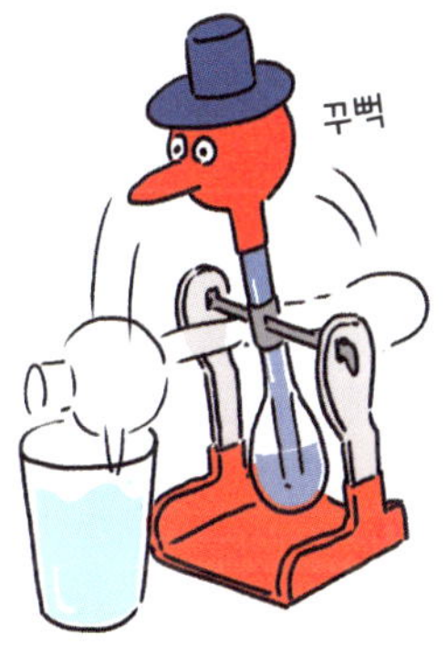

물 먹는 새
내부 액체의 상태 변화와 압력 변화를 이용해 계속 움직인다.

증기 보트
빨대 안의 물이 가열되어 수증기로 분출되는 힘을 동력으로 움직인다.

과학 도서

과학에 관한 서적이나 도감. 종종 과학실 뒤편에 진열되어 있다. 혹시 비커 군의 단행본이 있을지도? 학교 과학실에 어떤 과학 도서가 있는지 살펴보자.

과학 잡지

비커 군의 단행본

다양한 도감과 그림책

화학 반응(화학 변화)

물질이 분해하거나 다른 물질과 작용해 새로운 물질로 변화되는 것. 이런 변화는 원자 간의 연결이 바뀌면서 일어난다.

→ 상태 변화

사각 의자

과학실에서 볼 수 있는 등받이가 없는 나무 의자. 등받이가 없는 이유는 실험 중에 책상 밑으로 집어넣기 위해서다. 옆면의 판은 '선생님의 시연 실험을 볼 때 뒤쪽에 앉은 학생들이 밟고 올라가기 위해서'라는 이야기도 있다. 하지만 요즘 과학실에서는 일반적인 둥근 의자를 많이 사용한다.

→ 시연 실험

과학실 의자 군

쉬어 가기 | 과학실 의자 군의 하루

과학실 의자 군이 쓰러지면
엄청 큰 소리가 나.

접이식 수전

실험대에 설치되는 특수한 형태의 수전. 접이식으로 되어 있어, 필요할 때는 위로 올려서 사용하고, 사용하지 않을 때는 아래로 접어서 수납한다. 수납하면 그 위에 판을 올려 책상을 넓게 쓸 수 있다.

→ **실험대**

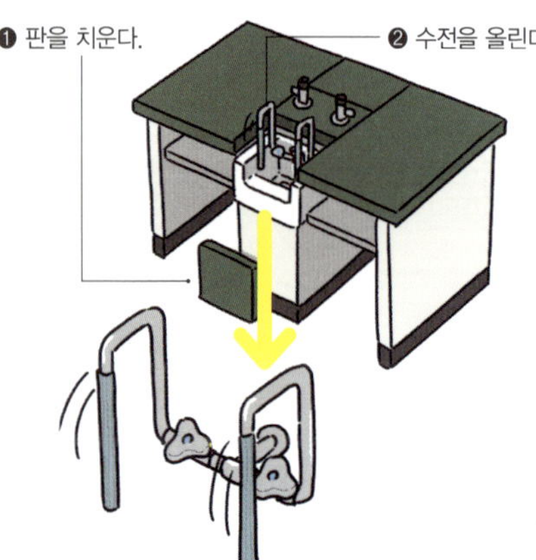

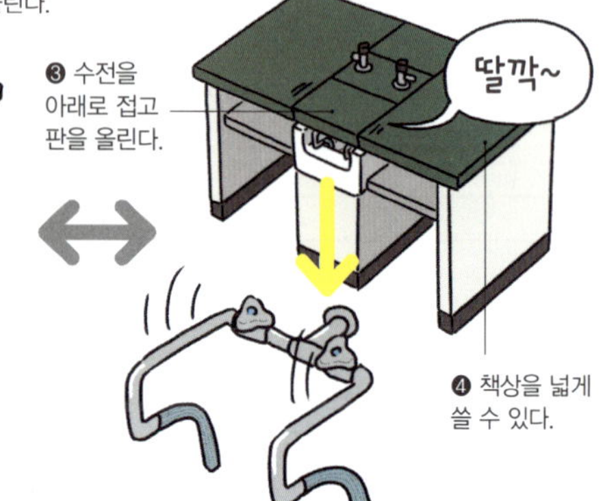

바구니

교재나 실험기구, 약품 등을 정리하기 위한 함. 과학실이나 과학준비실에서는 다양한 종류의 바구니가 쓰인다.

→ **건조 카트**

화합물

두 종류 이상의 원자가 연결되어 만들어진 물질. 물(H_2O), 염화 나트륨($NaCl$) 등도 화합물이다.

→ **원자, 홀원소 물질**

과산화 수소수

물에 과산화 수소를 녹인 무색 투명한 액체. 산소를 발생시키는 실험 등에 쓰인다. 눈이나 피부에 닿으면 위험하므로 사용할 때는 보안경과 고무장갑을 착용해야 안전하다. 학교에서 쓰이는 과산화 수소수는 30% 농도인 것이 대부분이며, 이를 10배로 희석해 사용하는 경우가 많다. 희석할 때는 물에다 과산화 수소수를 조금씩 첨가해야 한다. 반대로 하면 발열 반응이 일어나 매우 위험할 수 있다.

→ **희석, 산소, 보안경**

가스 밸브

분젠 버너를 사용할 때 가스의 양이나 압력을 제어하는 장치. 초등학교에서는 거의 사용되지 않지만, 여전히 많은 초등학교 실험대에 가스 밸브가 남아 있다.

분젠 버너

가열 기구 중 하나. 실험대에 있는 가스 밸브에 연결해서 사용한다. 공기나 가스의 양을 조절할 수 있어 화력 조절이 간편하다. 사용하는 데 연습이 필요하며 공기 조절 나사와 가스 조절 나사를 혼동하면 안 된다.

분젠 버너는 분해가 가능하므로 미리 구조를 파악해 두면 실수를 예방할 수 있다.

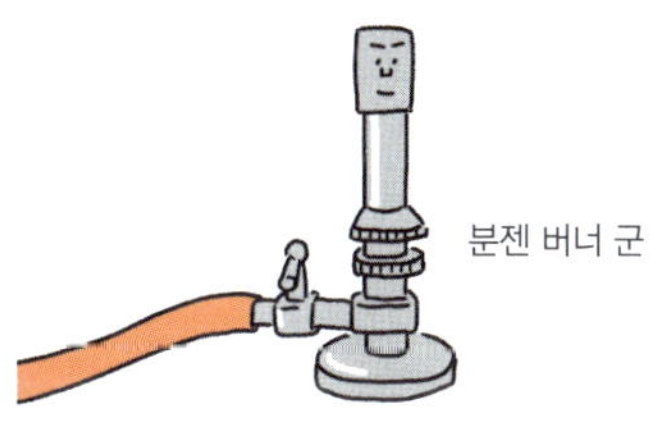

분젠 버너 사용법

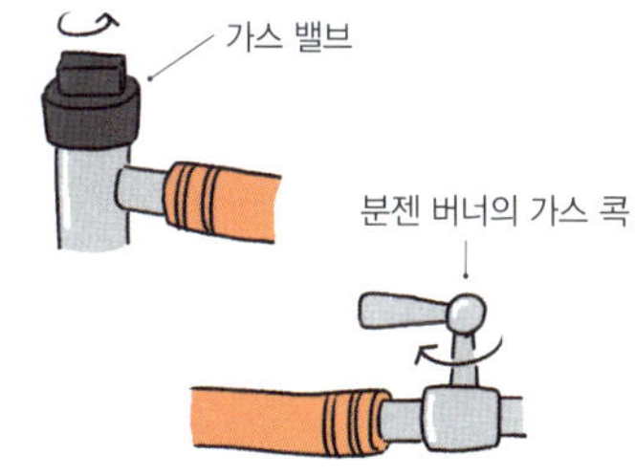

❶ 가스 밸브와 분젠 버너의 가스 콕을 연다.

❷ 불을 옆 방향에서 가까이 대며 가스 조절 나사를 돌려 점화한다.

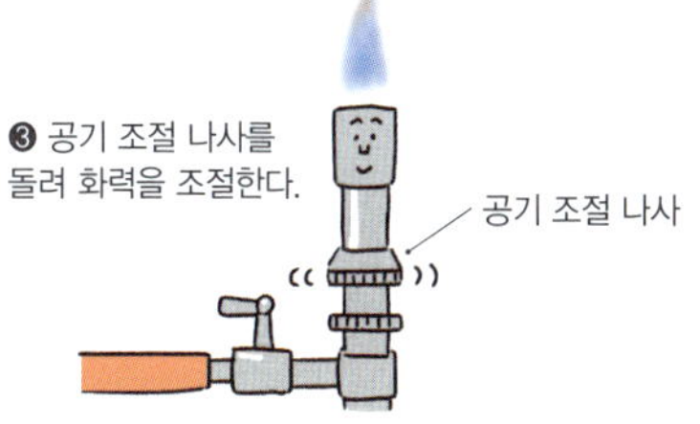

❸ 공기 조절 나사를 돌려 화력을 조절한다.

화석

지층에 남아 있는 과거 생물의 유해(시체)나 흔적. 동물의 뼈나 배설물, 발자국, 식물의 잎이나 줄기, 꽃가루 등이 있다. 화석을 손으로 잡으면 그 생물이 살아 있던 시대로 시간 여행을 하는 듯한 기분이 든다.

→ **지층**

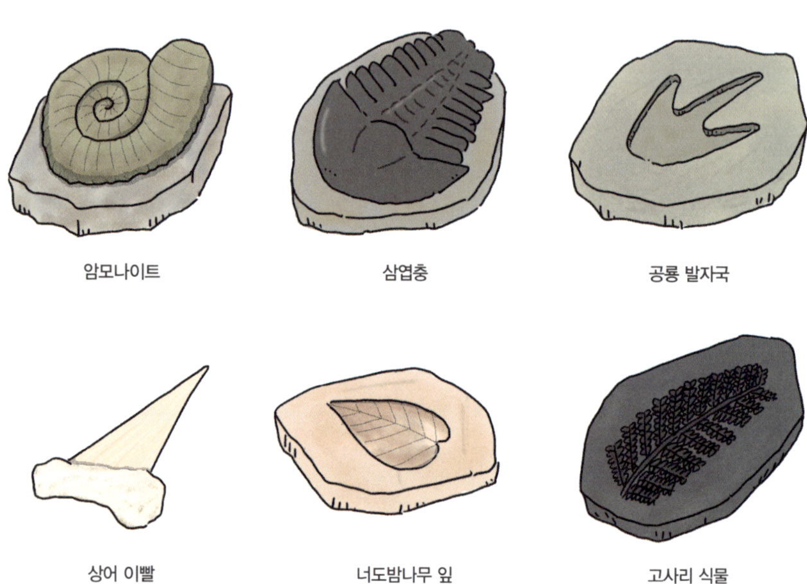

암모나이트

삼엽충

공룡 발자국

상어 이빨

너도밤나무 잎

고사리 식물

가설

맞는지 틀린지 아직 밝혀지지 않았지만, 어느 정도 타당한 이유가 있는 가정의 설. 예를 들어 물이 끓는 모습을 보고 '왜 기포가 생길까?'라고 하는 것은 의문이고, '물은 증발하면 수증기가 되니까 이 기포는 수증기일 수도 있겠다'라고 하는 것은 가설이다. 가설이 맞는지 틀린지는 실험이나 관찰을 통해 확인할 수 있다.

정리

과학실을 안전하게 사용하는 데 꼭 필요한 작업 중 하나. 학생들이 스스로 정리할 수 있도록 많은 과학실에서 기구 수납함이나 서랍에 라벨을 붙여 놓기도 한다. 단, 급하게 정리하면 서로 부딪치는 등 위험할 수 있으므로 시간 여유를 두고 정리하는 것이 좋다.

→ **정리정돈, 라벨**

도르래

홈에 밧줄이나 끈을 걸어 회전시키는 바퀴. 크게 고정 도르래(고정해서 사용)와 움직 도르래(고정하지 않고 사용)로 나눌 수 있다. 도르래는 초등학교에서 '힘'에 대해 배울 때 많이 사용했는데, 점점 그 모습을 찾아보기 어렵다.

→ 안 쓰이게 된 기구

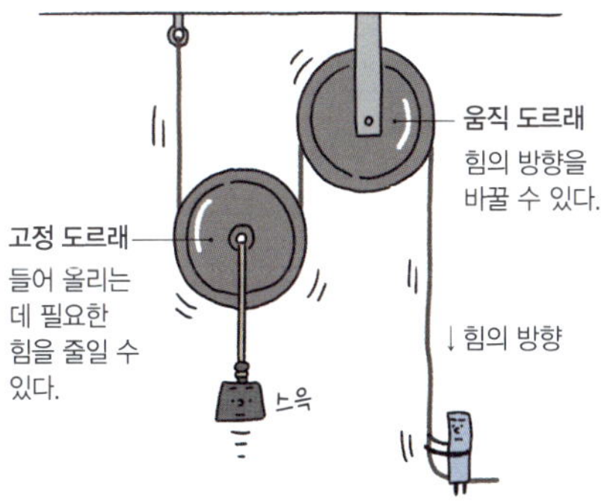

가열망

실험에서 가열할 때 사용하는 기구. 하얀 원형 부분은 위에 올린 물체를 균일하게 가열하는 효과가 있다. 예전에는 하얀 부분에 석면을 사용했으나 현재는 세라믹으로 대체되었다.

→ 석면

과열

너무 고온이 된 상태. 또는 액체가 끓는점(끓는 온도)을 넘었는데 끓지 않는 상태. 예를 들어 끓는점이 100℃인 물을 내면이 반들반들한 용기로 천천히 가열하면 100℃를 넘어도 끓지 않고 과열 상태가 되기 쉽다. 과열 상태에서 이물질을 넣거나 진동을 주면 돌비 현상이 일어나 매우 위험하다. 이를 방지하기 위해 가열 전에 반드시 끓임쪽(비등석)을 넣어야 한다.

→ 돌비 현상, 끓임쪽(비등석), 헷갈리는 용어

가열

화력이나 물중탕으로 물체에 열을 가하는 조작. 물을 가열해 상태 변화를 관찰하는 실험이나 금속을 가열해 부피 변화를 조사하는 실험 등에서 실시한다. 사고나 부상을 입을 위험이 커 특히 주의해야 한다.

→ 물중탕

가열과 유리 기구

유리 기구는 가열에 강한 것과 약한 것이 있다. 실험 내용에 따라 유리 기구를 선택하는데, 이때 가열에 강한지 약한지도 고려해야 한다.

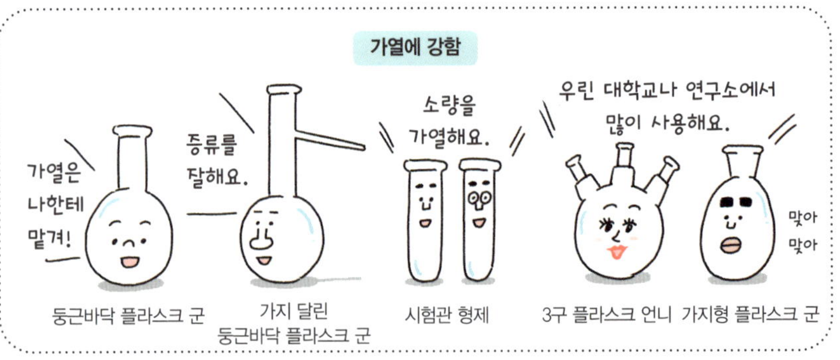

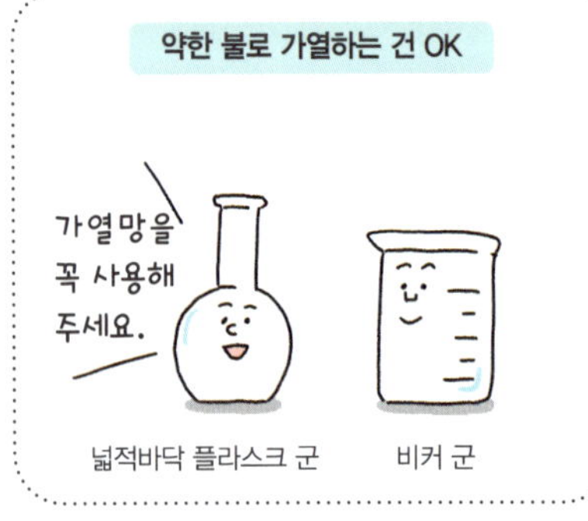

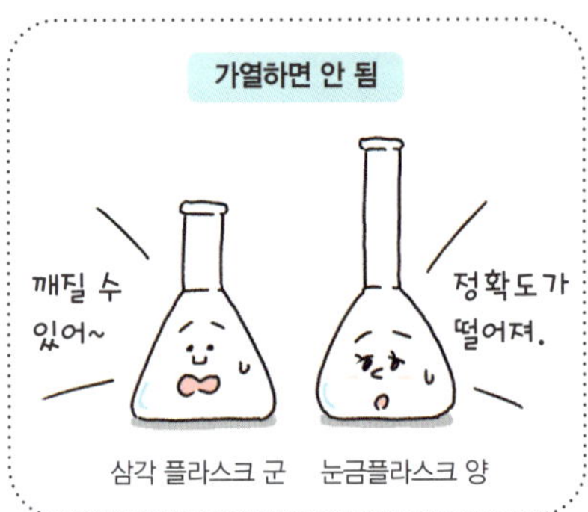

덮개유리

현미경으로 관찰할 때 필요한 매우 얇은 유리판. 받침요리 세트로 사용한다. 정사각형 모양이 일반적이지만, 직사각형이나 원형도 있다. 얇아서 잘 깨지므로 취급할 때 주의해야 한다. 책상에 떨어뜨리면 집기 어렵다.

→ 받침유리, 프레파라트

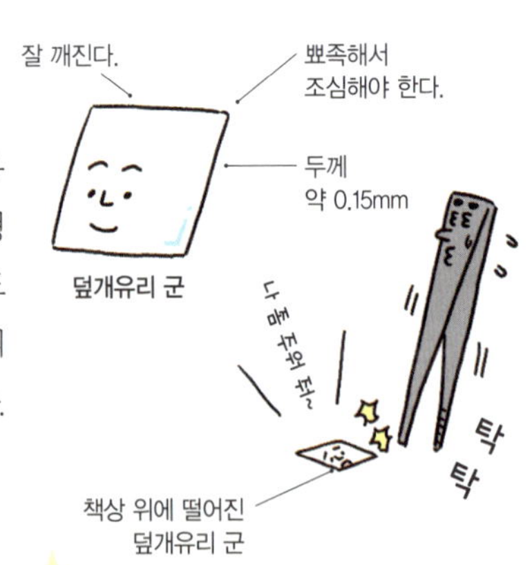

쉬어 가기 | 유리 기구들의 토크 쇼

꽃가루(화분)

식물이 종자를 만드는 데 필요한 유전 정보가 들어 있는 작은 알맹이. 꽃의 수술 끝에 있는 '화분낭'이라는 주머니 속에 들어 있다. 꽃가루가 암술머리에 옮겨 붙는 것을 꽃가루받이라고 한다. 이것이 종자가 만들어지는 첫 과정이다. 꽃가루는 식물의 종류에 따라 벌레, 바람 등 운반 방식이 다르며, 꽃가루의 형태는 운반 방식에 알맞은 모양을 하고 있다.

→ 종자, 꽃

〈바람으로 운반되는 꽃가루〉

꽃가루의 크기가 작고 수분이 거의 없는 경우가 많다.

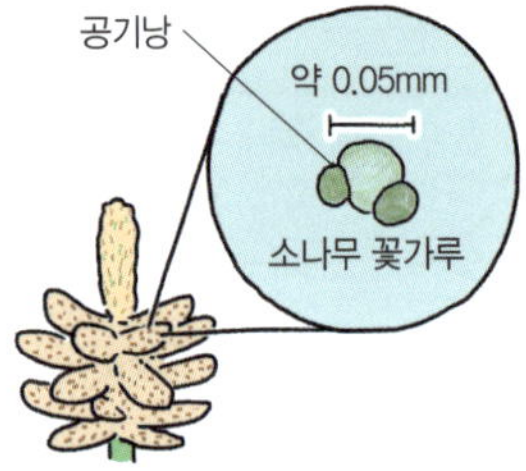

〈벌레가 운반하는 꽃가루〉

꽃가루가 끈적거리거나 가시가 있다.

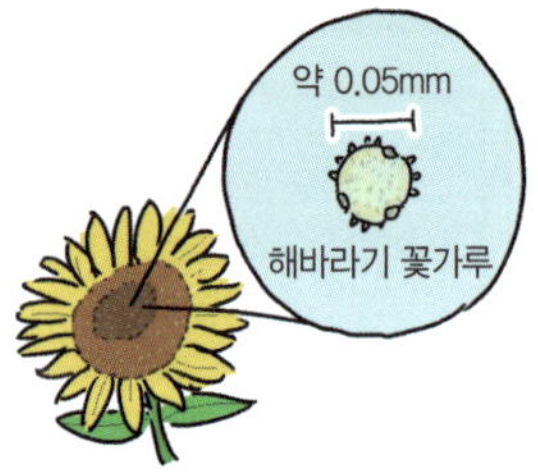

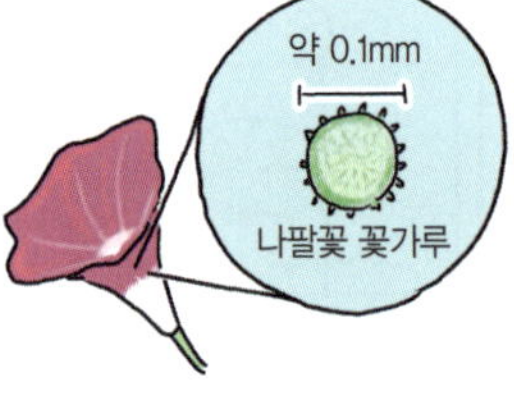

〈새가 운반하는 꽃가루〉

곤충이 없는 겨울에 꿀을 빨러 온 새의 얼굴에 붙는다.

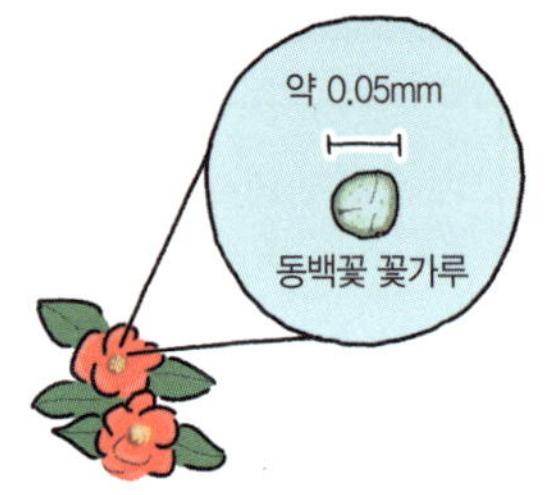

꽃가루가 물에 의해 운반되는 식물도 있어.

유리

이산화 규소를 주성분으로 하는 투명하고 단단한 소재. 약품에 잘 반응하지 않으며, 전기가 통하지 않는다. 열에 녹아 가공하기 쉽다는 특징 때문에 실험기구의 재료로 널리 사용된다. 배합하는 원료나 양에 따라 다양한 종류의 유리가 있다.

→ 비커, 플라스크

소다 석회 유리
가장 일반적이며 저렴하다. 유리창 등에 쓰인다.

붕규산 유리
급격한 온도 변화에 강하며, 실험기구 등에 쓰인다.

유리 막대

비커 안의 액체를 섞을 때 사용하는 기구. 거를 때 액체를 따를 때나 리트머스 종이에 소량의 액체를 묻힐 때도 사용한다. 무심코 실험대에 올려놓으면 굴러떨어질 수 있으니 조심해야 한다

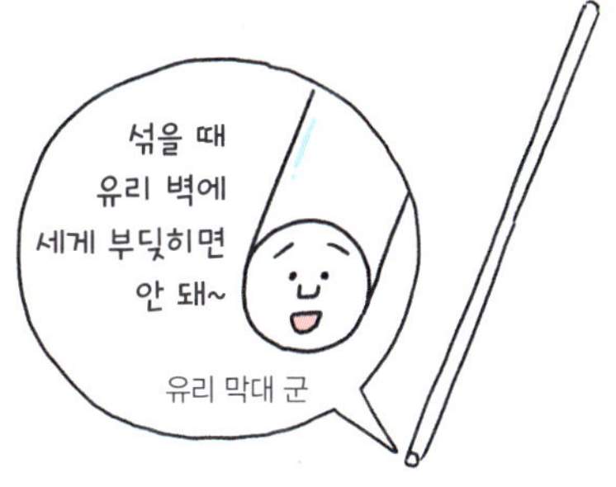

유리 막대의 용도

액체를 휘저을 때

리트머스 종이 등에 액체를 묻힐 때

부석(또는 경석)

화산 분화로 분출된 마그마가 지표나 공중에서 냉각되어 굳어진 것. 굳을 때 내부의 가스가 외부로 배출되어 구멍이 많이 생기고, 매우 가벼워 물에 뜨는 것도 있다. 크기가 큰 부석일수록 들었을 때 많이 놀란다.

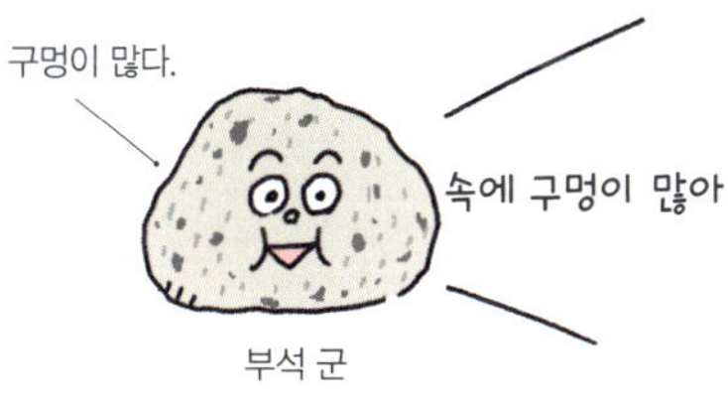

달고나

바삭한 식감의 설탕과자. 가열한 설탕액에 베이킹 소다(탄산수소 나트륨)를 넣고 잘 섞으면 부글부글 부풀면서 굳는다. 베이킹 소다의 열분해를 학습하기 위한 실험으로 실시한다.

→ 탄산수소 나트륨

환기

실내 공기를 외부의 신선한 공기와 바꾸는 것. 물질을 연소하는 실험이나 유독 가스가 발생할 가능성이 있는 실험, 액화 질소나 드라이아이스를 사용할 때는 창문을 열어 환기를 충분히 해야 한다.

한제

두 종류 이상의 물질을 혼합해서 만든 냉각제. 다양한 조합이 가능하다. 예를 들어 얼음과 소금(-21℃), 얼음과 염화 칼슘(-55℃), 드라이아이스와 알코올(-72℃) 등으로 만들 수 있다.

→ 염화 나트륨, 드라이아이스

드라이아이스 자체는 -79℃이지만 냉각 능력은 한제가 더 크다.

관찰

사물이나 생물, 현상 등을 주의 깊게 살펴보면서 그 존재 자체의 특징이나 변화를 기록하는 것. 관찰한 내용을 기록할 때는 날짜와 시간, 장소 등의 정보를 함께 담아야 한다.

관성의 법칙

물체의 운동에 관한 법칙 중 하나. '힘이 작용하지 않는 한 물체는 그 운동 상태를 계속 유지한다'는 법칙이다. 예를 들어 버스가 급정차할 때 승객이 앞으로 쏠리는 것은 관성의 법칙 때문이다. 뉴턴의 제1법칙이다.

→ 다루마 오토시

암석

하나 또는 몇 종류의 광물이 모여서 만들어진 것. 일상에서는 '돌'이라고 부른다. '암석'이라고 하면 뭔가 커다란 돌을 상상하기 쉬운데, 사실 크기와는 상관없다. 작은 돌멩이도 암석이다. 암석 표본에는 여러 종류의 암석이 진열되어 있어 보기만 해도 즐겁다.

→ 광물

대표적인 암석의 종류

화성암　마그마가 식어 굳으면서 만들어진 암석. 화산암과 심성암으로 나뉜다.

〈화산암〉 지표에서 급격하게 식으면서 만들어진 암석.

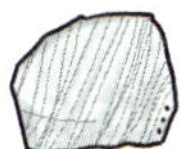  

유문암　　안산암　　현무암

흰색 ← 색 → 검은색

적다 ← 유색 광물 → 많다

〈심성암〉 깊은 지하에서 천천히 식으면서 만들어진 암석.

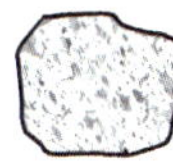  

화강암　　섬록암　　반려암

흰색 ← 색 → 검은색

적다 ← 유색 광물 → 많다

퇴적암　지층이 긴 세월에 걸쳐 굳으면서 만들어진 암석. 구성 입자의 크기나 퇴적된 물질에 따라 분류된다.

〈하천수의 작용에 따라 만들어진 암석〉

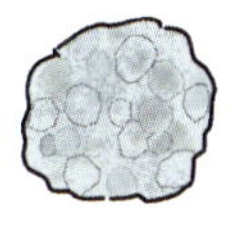  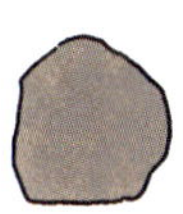

역암　　사암　　이암

크다 ← 함유된 알갱이 크기 → 작다

〈화산 분출물이나 생물 유해로 만들어진 암석〉

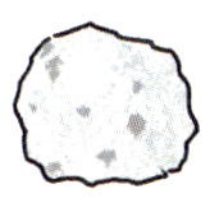 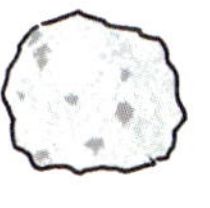  

응회암　　석회암　　처트

화산 분출물(화산재, 부석 등)로 만들어진 암석 / 탄산 칼슘 다량 함유 / 이산화 규소 다량 함유

석회암·처트: 생물 유해로 만들어진 암석

건조 카트

세척한 기구를 말리는 데 필요한 정리함. 주로 수전이 설치된 싱크대 근처에 놓는 이동식 건조 카트는 기구를 보관하는 수납장까지 운반할 수 있어 매우 편리하다.

→ 바구니

건전지

운반이 가능한 전지 중에 액체가 외부로 흘러나오지 않도록 만들어진 것. 전기를 학습할 때 전기 회로의 전원으로 꼭 필요하다. 건전지 내부에 함유된 물질이 이온이 되고, 이때 발생하는 전자가 이동하면서 전기가 흐르는 원리다.

→ 이온, 회로, 전자

비활성 기체

원소 주기율표의 18족(가장 오른쪽 세로줄) 원소 그룹. 헬륨과 네온, 아르곤 등이 있다.

모두 기체이며, 다른 물질과 화학적으로 거의 반응하지 않는 성질이 있다.

→ 원소 주기율표

기공

식물의 잎 뒷면에 있는 구멍. 두 개의 공변세포로 구성되며 입술 모양이다. 기공이 입처럼 벌어졌다 닫히면서 수분량을 조절하고, 산소를 배출하고 이산화 탄소를 흡수한다.

→ 호흡, 증산 작용

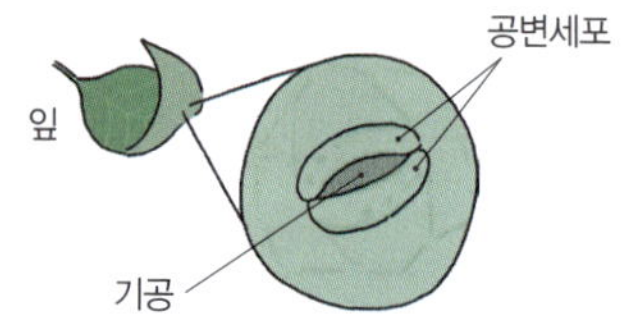

희석

농도를 묽게 하는 것. 염산이나 암모니아수 등의 위험한 액체 약품을 희석할 때는 섞는 순서가 중요하다. 약품에 물을 넣으면 위험하므로, 먼저 일정량의 물을 준비한 뒤 약품을 조금씩 넣어야 한다.

→ 안전제일

주요 비활성 기체

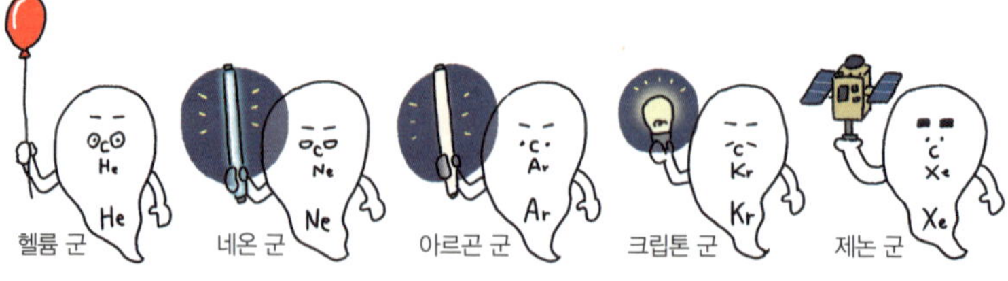

기타

현악기 중 하나. 소리의 성질을 학습하는 용도로 사용한다. 현의 진동과 소리의 크기를 조사하는 데 유용하다.

→ 소리의 성질

기체 검지관

기체(산소나 이산화 탄소 등)의 농도를 측정하는 기구. 유리관에 약품이 충전되어 있으며, 기체 채취기에 삽입해서 사용한다. 공기 중의 산소 비율이나 호흡에 따른 이산화 탄소 증가 등을 조사하는 실험에 사용한다.

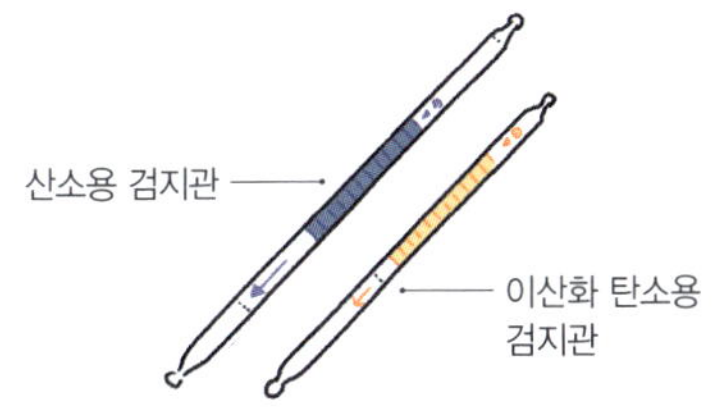

기체 채취기

기체 검지관을 사용할 때 필요한 기구. 입구 쪽에 기체 검지관을 넣고 핸들을 당긴 후 1분 정도 기다리면 기체가 점점 검지관 쪽으로 빨려 들어간다.

공기 중 산소 농도 측정 순서

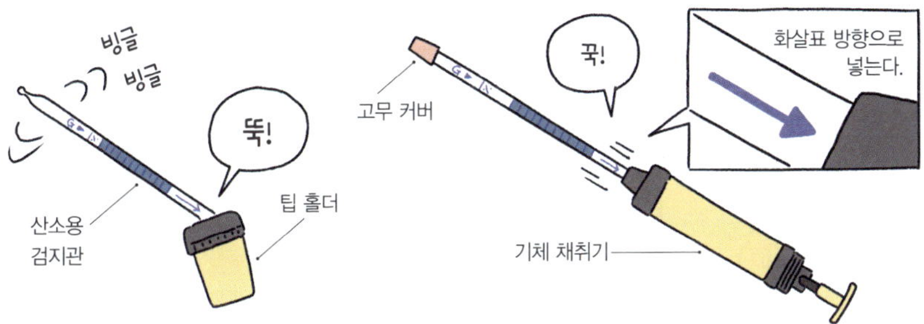

❶ 산소용 검지관의 양쪽 끝을 절단한다.

❷ 검지관을 기체 채취기에 세팅한다.

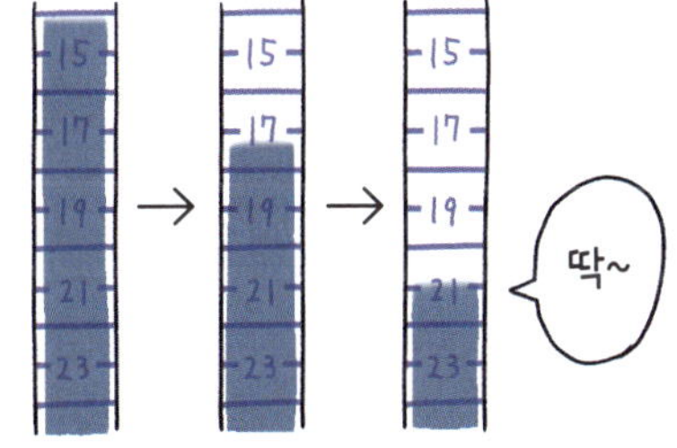

❸ 채취기 핸들을 당기고 1분 정도 기다린다.

❹ 검지관 눈금을 읽는다. 21%임을 알 수 있다!

기체 포집 방법

기체를 포집할 때는 그 성질에 따라 세 가지 방법을 사용한다. 물에 잘 녹지 않는 기체는 수상 치환법을 사용한다. 물에 잘 녹는 기체는 공기보다 가벼운지 무거운지에 따라 다른데, 공기보다 가벼우면 상방 치환법, 무거우면 하방 치환법을 사용한다.

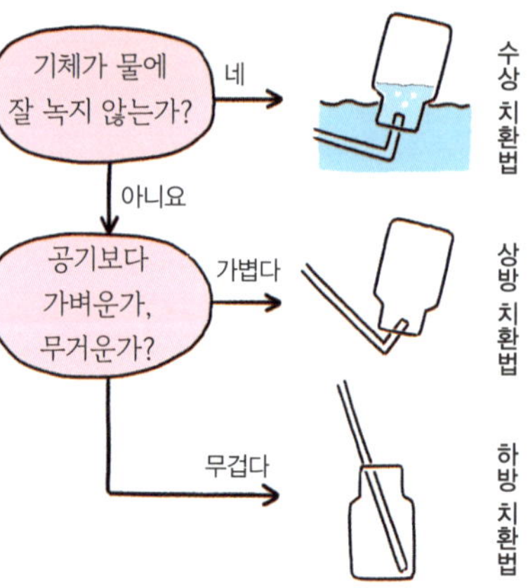

기체를 만드는 실험

약품 반응으로 기체를 발생시키는 실험. 발생한 기체를 모으고, 그 기체의 성질을 확인하기까지가 한 세트다.

→ 기체 포집 방법

〈산소〉

〈이산화 탄소〉

쉬어 가기 | 암모니아를 만드는 실험

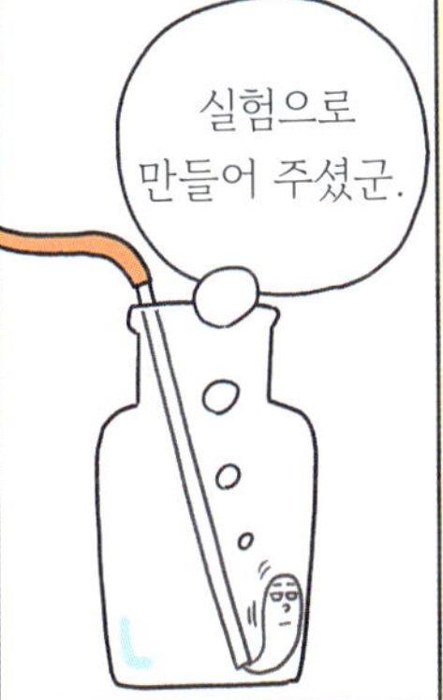

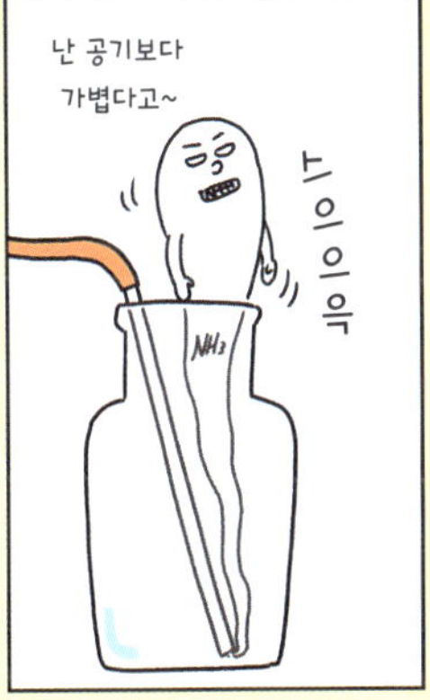

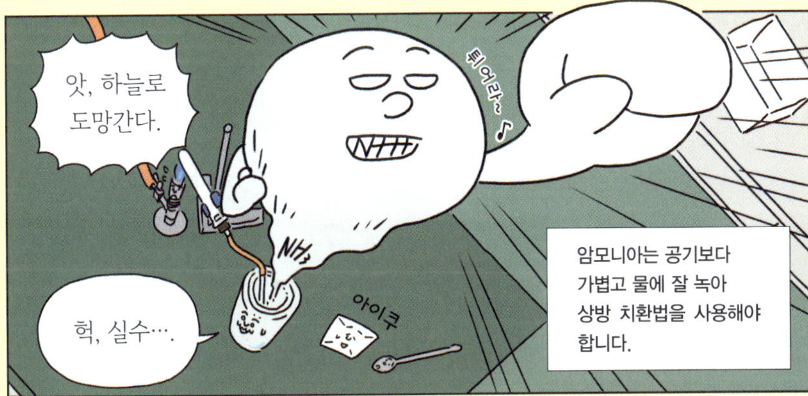

첫 칸만 보고 잘못을 눈치챈
친구들 대단해요!

킵 장치

약품을 반응시켜 필요한 만큼의 기체를 발생시키는 유리 기구. 세 개의 둥근 유리가 세로로 쌓인 구조로 되어 있으며, 콕의 개폐로 반응을 조절할 수 있다. 요즘에는 잘 사용하지 않아 과학준비실 구석에 보관되어 있는 경우가 많다.

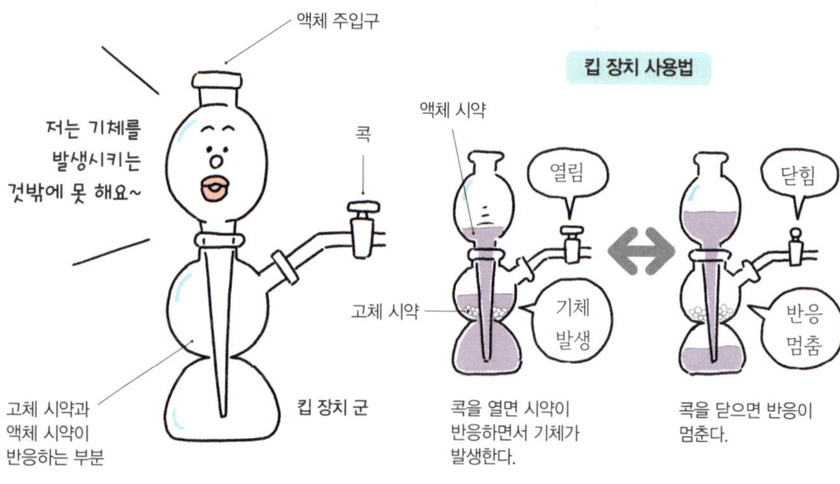

두꺼운 와이퍼 (타월형)

얇은 종이를 겹쳐 접은 형태로 타월처럼 도톰한 것이 특징이다. 공장이나 연구소, 병원 등에서 다량의 물이나 기름을 흡수하는 데 매우 편리하다. 실험기구 세척 후 물기를 닦아 내는 데도 용이하게 쓰인다. 대부분의 대학교나 연구소에는 상비되어 있지만, 초·중학교 과학실에서는 보기 힘들다.

얇은 와이퍼(티슈형)

티슈처럼 얇지만, 촉감은 티슈와 달리 거칠다. 흡수성이 뛰어나고 먼지가 별로 나오지 않는 소재로 실험기구의 물기를 닦는 데 매우 유용하다. 대부분의 대학교나 연구소에 상비되어 있다. 간혹 초·중학교 과학실에도 있다.

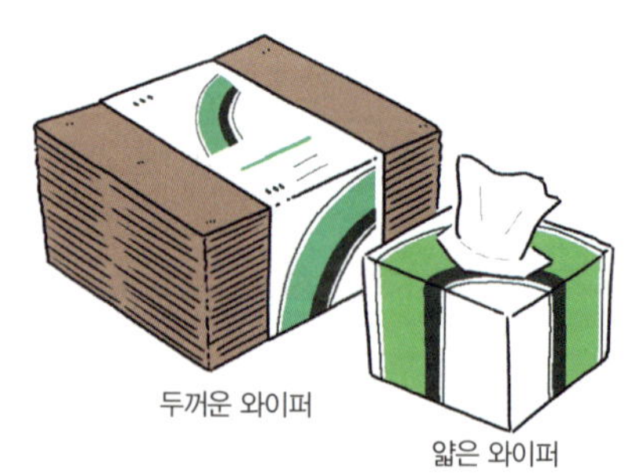

역류

―

흐름이 거슬러 올라감. 실험 중에 절대로 실수하면 안 되는 일 중 하나다. 기체를 만드는 실험이나 증류 실험 등을 할 때는 특히 주의해야 한다. 실험이 잘됐다며 무심코 가열을 멈추면 역류가 발생한다. 역류가 일어나면 유리 기구가 깨져 다칠 수 있으므로, 가열을 멈추기 전에 유리관을 제거하는 것이 중요하다.

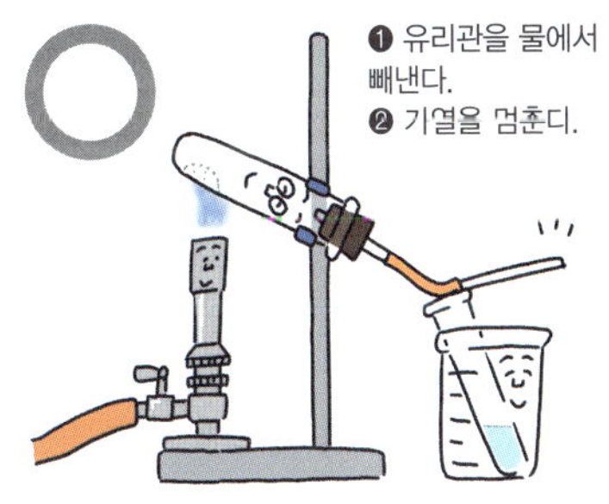

구급함

―

응급 처치에 필요한 구급약과 간단한 의료 도구를 넣어 두는 상자. 반창고, 소독약, 연고 등이 들어 있다. 하지만 실험 중에 부상이나 화상을 입으면 기본적으로 양호실이나 병원에 가는 것이 우선이다.

우유

―

소의 젖(생유)을 살균한 음료수. 과학적으로는 수분에 유지방이나 단백질이 산재한 구조의 액체로, 종종 실험 재료로도 쓰인다. 식초를 넣을 때 변화나 우유를 현미경으로 관찰하는 것도 재미있다.

→ 브라운 운동

교훈 찻잔

―

물이 가득 차는 것을 경계하기 위한 잔. 안에 사자 모양 인형이 들어 있다. 일정량 이상의 물을 부으면 바닥의 구멍으로 물이 새도록 설계된 신기한 잔이다. 이 현상은 사자가 사이펀으로 작용해서 일어난다. '과한 욕심을 부리면 안 된다'는 교훈을 가르쳐 준다.*

→ 사이펀

교훈 찻잔

교훈 찻잔의 원리

물이 사자의 얼굴까지 차오르면 안의 틈새를 따라 물이 흘러 나간다.

* 조선 후기에 전해진 '계영배(戒盈盃)'가 이와 유사하다(감수자).

거대한 유리 기구

선생님이 액체 시약을 조합할 때 사용하는, 크기가 큰 비커나 플라스크. 크기에 대한 정의는 없지만 보통 2리터를 넘으면 크다고 여긴다. 거대한 유리 기구는 제조가 쉽지 않으므로 가격도 비싸다.

절화 착색제

식물의 줄기 구조를 관찰할 때 편리한 액체. 뿌리를 자른 식물을 이 액체에 담가 놓으면 잎으로 액체가 퍼진다. 이때 줄기를 얇게 잘라 현미경으로 관찰하면 물이 지나가는 관(물관)을 볼 수 있다. 이런 실험을 할 때 예전에는 붉은색 식용 물감을 사용했으나 최근에는 절화 착색제가 흡수 시간이 짧아 자주 쓰인다.

→ 관다발

절화 착색제

기록 타이머

물체의 속도나 움직임의 변화를 기록하는 기기. 정해진 시간 간격으로 테이프에 점을 찍는 방식으로 속도나 움직임을 기록한다. 테이프에 찍힌 점의 간격이 넓으면 속도가 빠르고, 점의 간격이 짧으면 속도가 느리다는 의미다. 참고로 일본의 경우 동일본은 1초당 50회, 서일본은 1초당 60회로 타점 횟수가 다르다. 이는 전원과 관련이 있다. (한국은 지역과 관계없이 타점 횟수가 1초에 60회로 통일되어 있다(감수자)).

→ 교류의 주파수 차이, 역학용 수레

기록 타이머를 이용한 실험

킬로그램 원기

질량 1kg의 기준으로 사용되었던 금속제 원기둥. 원기의 1/2 규모 복제품을 교재 판매 회사에서 판매하고 있다.

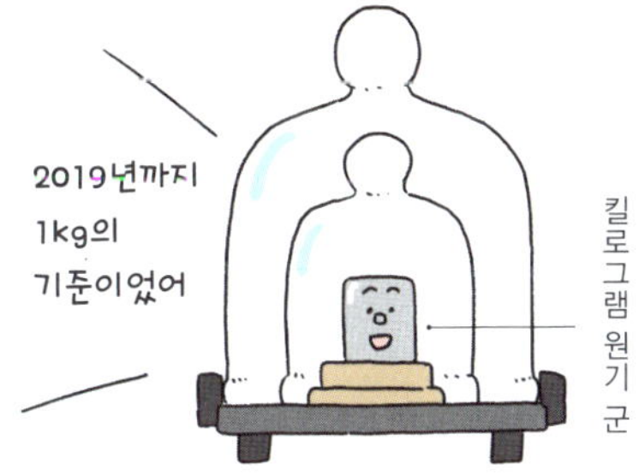

금속

전기나 열이 잘 통하며, 닦으면 반짝반짝 윤이 나고, 힘을 가하면 가늘게 늘일 수 있는 물질. 예를 들어 금이나 은, 구리, 철, 알루미늄 등이 이에 해당한다.

금속 구 열팽창 실험기

가열했을 때 금속의 부피 변화를 학습하기 위한 기구. 실험 전에는 금속 구가 링을 통과하지만, 불에 가열하면 링을 통과하지 못한다. 매우 단순하지만 '가열한 금속은 부피가 커진다'는 사실을 눈으로 확인할 수 있다.

→ 부피

금속 구 열팽창 실험기를 이용한 실험

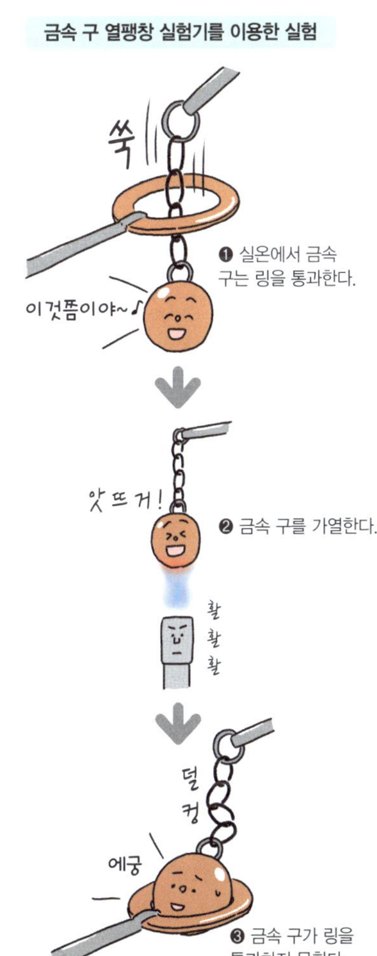

* 놋쇠: 구리와 아연의 합금

금속 구 열팽창 실험기

공기

지구의 표면을 덮고 있는 투명하고 무미·무취한 기체. 공기는 질소와 산소, 아르곤(비활성 기체의 하나), 이산화 탄소 등으로 구성되어 있다.

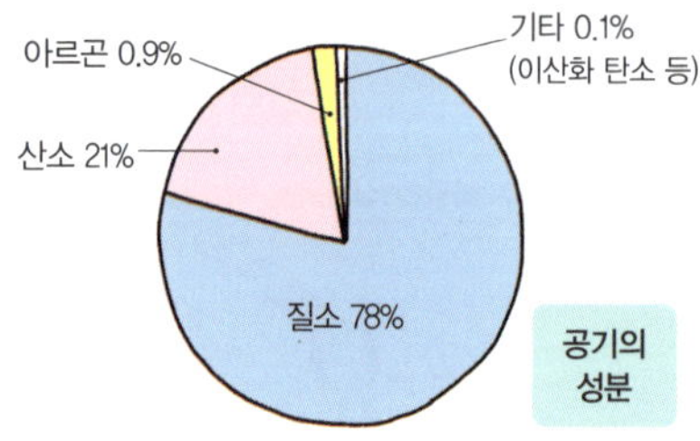

공기대포

과학 교구의 하나. 박스 옆면에 구멍을 뚫은 것이 일반적인 모양이다. 안에 연기를 가득 채우고 박스 옆면을 탕탕 때리면 도넛 모양의 연기가 나오는 재미있는 실험 교구다. 예전에는 향이나 드라이아이스를 연기로 사용했는데, 최근에는 스모크 머신을 사용하는 학교가 늘고 있다.

→ 스모크 머신

줄기

식물의 몸체 부분 중 하나. 뿌리 위부터 꽃이나 잎까지 부분을 말하며, 식물의 몸통을 지지한다. 잎이나 꽃, 열매 등이 붙어 있고, 뿌리가 흡수한 물이나 잎이 만든 영양분이 지나가는 길이기도 하다. 흙 속에서 발달하는 줄기를 땅속 줄기라고 한다.

→ 관다발, 절화 착색제

과일 전지

과일과 두 종류의 금속을 이용한 전지. 예를 들어 레몬을 반으로 잘라 그 단면에 구리와 아연의 판을 꽂고 전자 멜로디를 연결하면 소리가 울린다. 레몬의 수를 늘리거나 과일의 종류를 바꿔도 재밌다. 참고로, 실험에 사용한 과일은 금속이 녹아 있으므로 먹으면 안 된다.

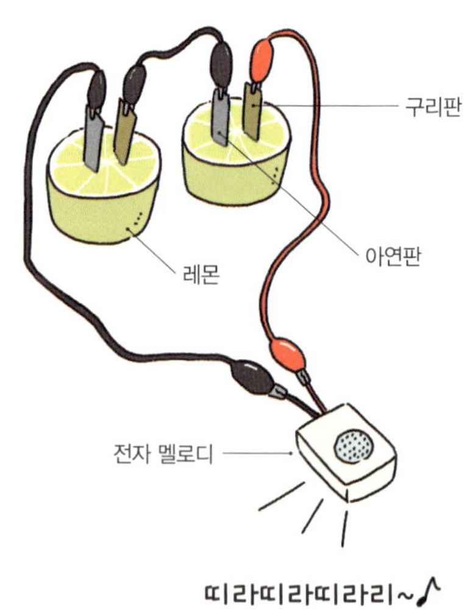

구름을 만드는 실험

구름이 생기는 원리를 재현하는 실험. 둥근바닥 플라스크 안에 향 연기를 넣어 놓고, 연결한 주사기를 당기면 온도가 내려가 내부가 뿌옇게 되는(구름이 생김) 실험. 구름이 생기려면 먼지 등의 작은 알갱이가 필요한데, 향 연기가 그 역할을 한다.

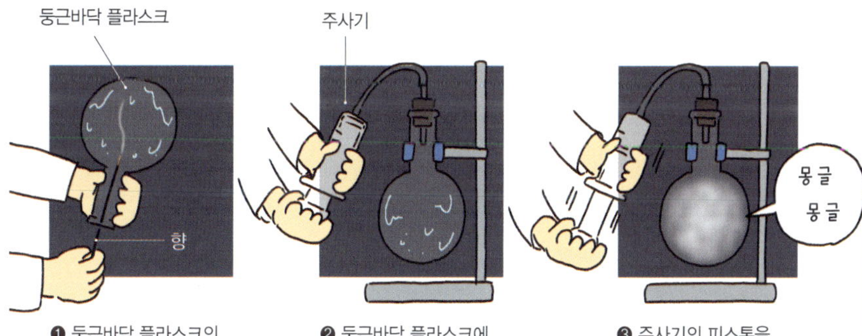

❶ 둥근바닥 플라스크의 안쪽을 적시고, 향 연기를 넣는다.

❷ 둥근바닥 플라스크에 주사기를 연결한다.

❸ 주사기의 피스톤을 펌핑하면 플라스크 안에 구름이 생긴다!

〈탄산 유지 뚜껑을 이용한 간편 실험〉

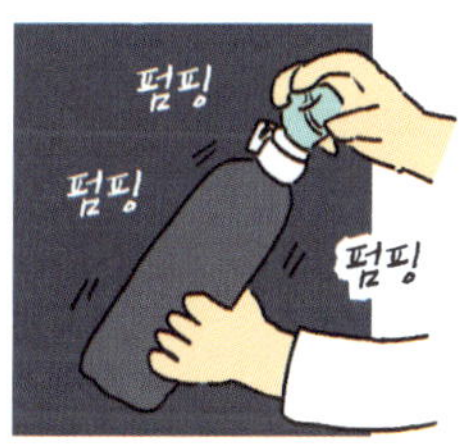

❶ 페트병 안에 알코올을 뿌린다.

❷ 탄산 유지 뚜껑을 닫고 20회 정도 펌핑한다.

❸ 탄산 유지 뚜껑을 열면 구름이 생긴다!

동아리 활동 용구

과학실을 이용하는 동아리의 활동 용구나 비품. 기본적으로 과학과 관련된 동아리가 많지만, 장기나 보드게임 동아리 등이 과학실을 사용하기도 한다. 그래서 가끔 과학과 무관한 장기판이나 오셀로 등이 과학실 수납장에서 발견되기도 한다.

크룩스관

전극이 장착된 유리제 장치. 내부는 진공으로 되어 있다. 내부에 십자판이나 형광판이 장착된 것, 바람개비가 있는 것 등 다양한 유형이 있다. 형광판 크룩스관을 사용하면 음극선을 관찰할 수 있고, 자석을 가까이 대면 음극선이 자기력의 영향을 받는다는 사실을 알 수 있다.

→ **음극선**

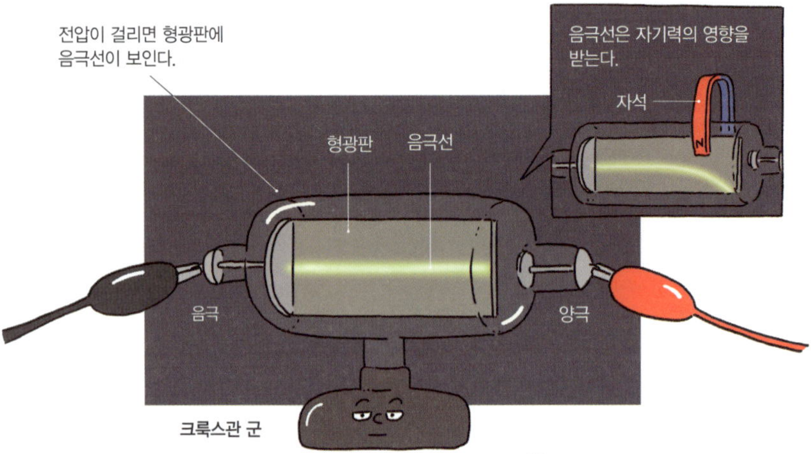

크룩스관 군

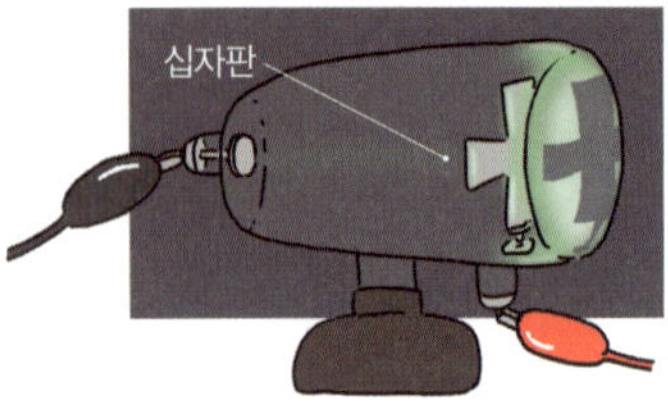

십자 크룩스관

전압을 걸면 양극 쪽 벽에 그늘이 비친다.

바람개비 크룩스관

전압을 걸면 바람개비가 양극 쪽으로 움직인다.

목장갑

장갑의 한 종류. 튼튼하고 저렴하다. 가열하거나 드라이아이스를 사용하는 실험 등에서 유용하다. 액화 질소를 사용하는 실험에서는 목장갑이 아닌 전용 장갑을 착용해야 한다.

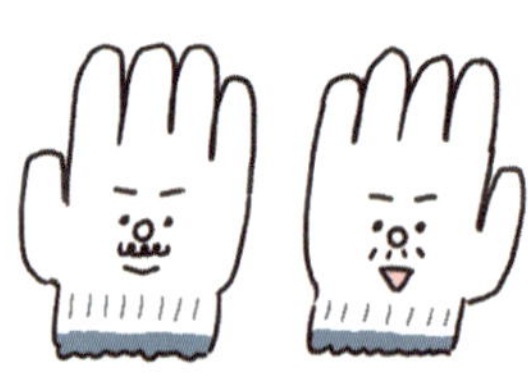

목장갑 쌍둥이

액화 질소 실험에서 목장갑을 사용하면
손에 동상을 입을 수 있어.

혈액

———

온몸에 퍼져 있는 혈관을 지나면서 산소와 영양분 등을 세포로 운반하는 액체. 혈액은 혈장이라는 액체 성분과 적혈구, 백혈구, 혈소판 등의 고체 성분으로 구성되어 있다. 현미경으로 송사리 꼬리를 관찰하면 혈액이 흐르는 모습을 볼 수 있다.

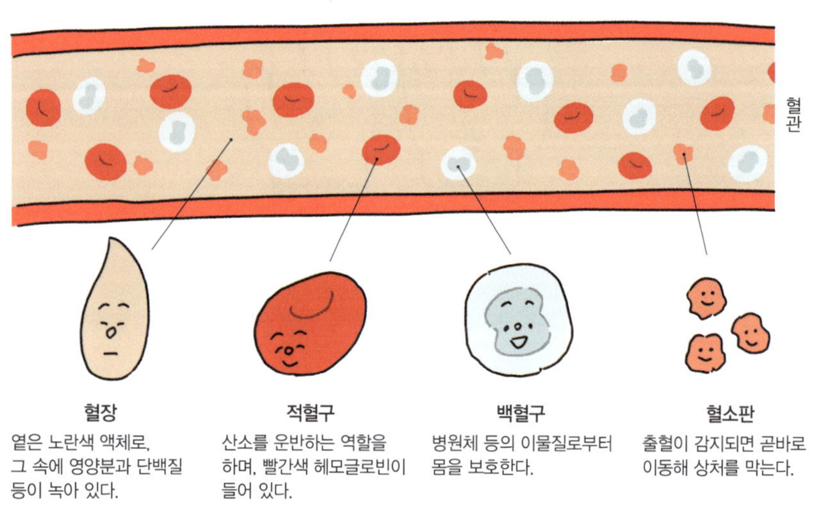

혈장
옅은 노란색 액체로, 그 속에 영양분과 단백질 등이 녹아 있다.

적혈구
산소를 운반하는 역할을 하며, 빨간색 헤모글로빈이 들어 있다.

백혈구
병원체 등의 이물질로부터 몸을 보호한다.

혈소판
출혈이 감지되면 곧바로 이동해 상처를 막는다.

결정

———

원자나 분자의 알갱이가 규칙적으로 배열된 상태의 고체 물질. 염화 나트륨(소금)은 정육면체, 명반은 팔면체 등 모양이 다양하다. 참고로, 유리는 구성 원자의 배열이 불규칙하므로 결정이 아니다.

→ **원자, 재결정**

결로

———

공기 중의 수분(수증기)이 냉각되어 물방울로 벽면에 붙는 것. 예를 들어 유리컵에 차가운 물을 넣을 때나 추운 날 목욕탕의 창문 등에서 볼 수 있다.

→ **상태 변화**

다양한 물질의 결정

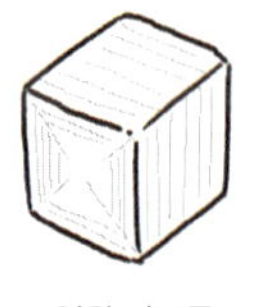

염화 나트륨

명반

황산 구리

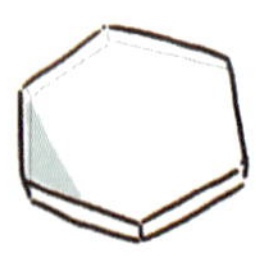

붕산

원자

물질을 구성하는, 눈에 보이지 않는 작은 알갱이. 수소 원자나 산소 원자 등 여러 종류가 있다. 원자는 양성자, 중성자, 전자라는 세 종류 알갱이로 구성되어 있다. 그중에서 양성자 수가 원자의 성질과 큰 연관이 있다.

→ 분자

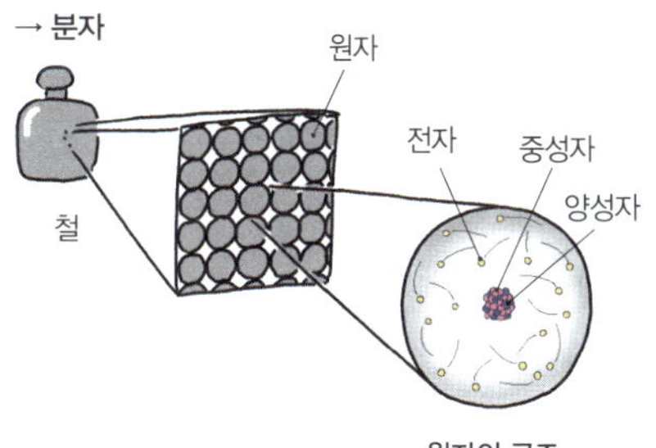

원자 번호

원자에 들어 있는 양성자의 수를 나타낸 것. 예를 들어 수소는 양성자가 1개이므로 원자 번호 1, 산소는 양성자가 8개이므로 원자 번호 8이다.

원소

원자의 종류. 약 120종류가 있다. 원소는 각각 그 성질이 달라 매우 흥미롭다. 원자 번호 93 이후는 지구에서 발견된 것이 아니라, 원자로나 입자 가속기 등의 특수 실험 시설에서 만들어진 것이다. 지금도 새로운 원소를 만들기 위해 전 세계 과학자들이 연구하고 있다.

원소 주기율표

원소를 원자 번호 순서대로 배열한 표. 가로줄을 '주기', 세로줄을 '족'이라고 한다. 이 표에서 비슷한 성질의 원소는 세로로 나란히 배열되어 있다. 예를 들어 염소(Cl, 원자번호 17)는 그 위에 플루오린(F), 아래에 브로민(Br)이라는 원소가 배열되어 있는데, 이를 통해 염소는 플루오린, 브로민과 성질이 비슷하다는 것을 알 수 있다.

→ 포스터

원소 주기율표

	1	2	3	4	5	6	7	8	9	10	11	12	13	14	15	16	17	18
1	1 H																	2 He
2	3 Li	4 Be											5 B	6 C	7 N	8 O	9 F	10 Ne
3	11 Na	12 Mg											13 Al	14 Si	15 P	16 S	17 Cl	18 Ar
4	19 K	20 Ca	21 Sc	22 Ti	23 V	24 Cr	25 Mn	26 Fe	27 Co	28 Ni	29 Cu	30 Zn	31 Ga	32 Ge	33 As	34 Se	35 Br	36 Kr
5	37 Rb	38 Sr	39 Y	40 Zr	41 Nb	42 Mo	43 Tc	44 Ru	45 Rh	46 Pd	47 Ag	48 Cd	49 In	50 Sn	51 Sb	52 Te	53 I	54 Xe
6	55 Cs	56 Ba	57~71 란타넘족	72 Hf	73 Ta	74 W	75 Re	76 Os	77 Ir	78 Pt	79 Au	80 Hg	81 Tl	82 Pb	83 Bi	84 Po	85 At	86 Rn
7	87 Fr	88 Ra	89~103 악티늄족	104 Rf	105 Db	106 Sg	107 Bh	108 Hs	109 Mt	110 Ds	111 Rg	112 Cn	113 Nh	114 Fl	115 Mc	116 Lv	117 Ts	118 Og

란타넘족 원소	57 La	58 Ce	59 Pr	60 Nd	61 Pm	62 Sm	63 Eu	64 Gd	65 Tb	66 Dy	67 Ho	68 Er	69 Tm	70 Yb	71 Lu
악티늄족 원소	89 Ac	90 Th	91 Pa	92 U	93 Np	94 Pu	95 Am	96 Cm	97 Bk	98 Cf	99 Es	100 Fm	101 Md	102 No	103 Lr

광학 현미경

작은 물체를 크게 확대해서 보기 위한 기구. 두 종류의 렌즈가 장착되어 있으며, 렌즈를 바꾸면 확대 배율을 바꿀 수 있다. 세포나 꽃가루, 수중 미생물 등의 관찰에 쓰인다.

→ 해부 현미경, 프레파라트

코일

도선을 같은 방향으로 여러 번 감은 것. 코일에 전류를 흘리면 그동안 자석이 된다(전자석). 코일에 철봉을 넣으면 전기를 흘렸을 때 자기력이 더 강해진다.

→ 전자석

광합성

식물이 빛 에너지를 이용해 영양분을 만드는 과정. 주로 잎에 있는 엽록체로, 물과 이산화 탄소에서 녹말 등의 영양분을 만든다. 실제로 녹말이 만들어졌는지는 아이오딘 녹말 반응으로 확인할 수 있다. 광합성은 매우 간단해 보이지만 사실 수많은 화학 반응이 복잡하게 얽혀 있어 아직도 규명되지 않은 부분이 남아 있다.

→ 아이오딘 녹말 반응, 엽록체

고찰

실험이나 관찰 결과로부터 무엇을 알게 되었는지 논리적으로 생각하는 것. 예를 들어 '끓을 때의 거품을 모았더니 물이 생겼다'라는 실험 결과를 얻었을 때, '끓을 때 거품의 정체는 물이 가열되어 기체가 된 것(수증기)이다'가 고찰이다. 고찰에서는 실험 전에 세운 예상이나 가설과 비교한 결과를 쓰는 것도 중요하다.

→ 가설, 실험

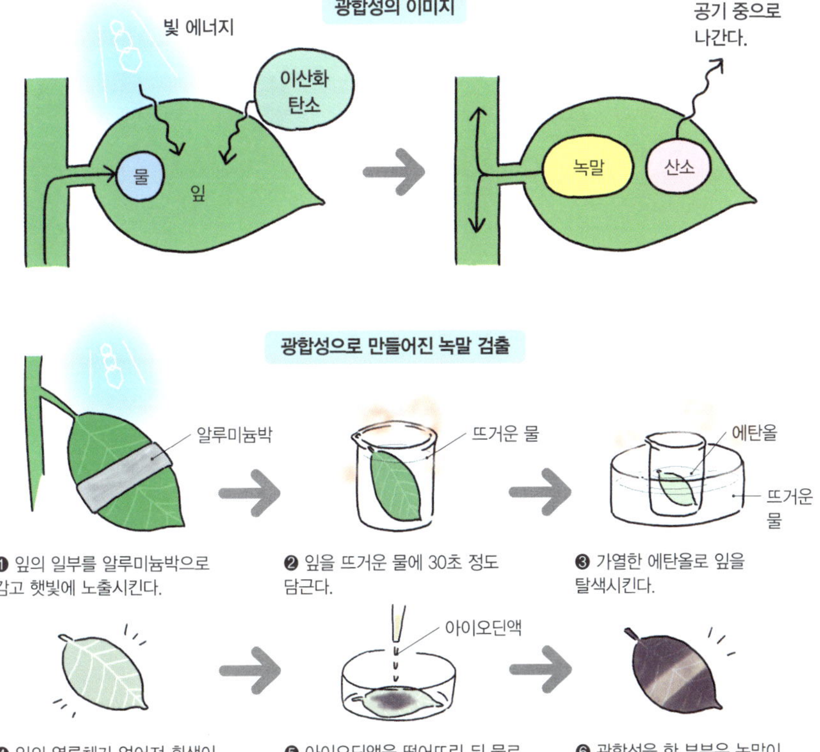

❶ 잎의 일부를 알루미늄박으로 감고 햇빛에 노출시킨다.

❷ 잎을 뜨거운 물에 30초 정도 담근다.

❸ 가열한 에탄올로 잎을 탈색시킨다.

❹ 잎의 엽록체가 없어져 흰색이 된다!

❺ 아이오딘액을 떨어뜨린 뒤 물로 세척한다.

❻ 광합성을 한 부분은 녹말이 만들어져 보라색이 된다!

광물

자연의 힘으로 긴 세월에 걸쳐 만들어진 고체 물질로, 암석을 구성하는 요소. 다이아몬드나 암염, 석영, 형석 등 다양한 종류가 있으며, 현재 5,900종류 이상이 알려져 있다.

→ **암석**

교류의 주파수 차이

교류란 크기와 방향이 일정 시간별로 변화하는 전류를 말한다. 학교나 가정의 콘센트에 흐르는 전기는 교류다. 교류의 전류 방향이 1초 동안 변화하는 횟수를 주파수(Hz)라고 한다. 일본의 경우 서일본과 동일본은 발전소에서 사용하는 발전기가 각각 달라 주파수가 다르다. 기록 타이머의 타점 횟수가 다른 것도 이 때문이다.

→ **기록 타이머**

얼음

물이 고체가 된 것. 실험에서 온도를 내릴 때 냉각제로 쓰인다. 얼음이 되는 온도나 부피 변화를 조사하는 등 얼음 자체를 관찰하기도 한다.

호흡

몸 안에서 산소를 들이마시고, 몸 밖으로
이산화 탄소를 내보내는 것. 동물뿐만 아
니라 식물도 호흡을 한다. 호흡한 뒤 기체
에 이산화 탄소가 많이 포함된 것을 석회수
로 확인할 수 있다.

→ 기공, 석회수

골격 표본

척추동물의 장기 따위를 모두 들어내고 골
격만으로 만든 표본. 과학실에 물고기, 개
구리, 뱀 등 동물의 골격 표본을 전시하기
도 한다. 간혹 기증받은 특이한 동물의 골
격 표본을 전시한 학교도 있다. 참고로, 인
체의 골격 모형은 실물이 아니므로 골격 표
본이라고 하지 않는다.

→ **표본**

쥐의 골격

뱀의 골격

개구리의 골격

붕어의 골격

코니컬 비커

입구가 바닥보다 약간 좁은 비커. 코니컬 (conical)은 원뿔 모양이라는 뜻이다. 입구가 좁아서 흔들어도 안의 액체가 외부로 잘 튀지 않는다.

→ 비커

스포이트

소량의 액체를 빨아올려 다른 곳으로 옮길 때 사용하는 기구. 위에 부착된 고무 벌브로 액체의 빨아들이는 양을 조절한다. 금속을 넣은 시험관에 염산을 첨가하는 실험이나 프레파라트를 제작할 때 등에 활용된다. 스포이트를 일본 도쿄 고마고메 병원의 병원장이 만들어 '고마고메 피펫'으로 불리기도 한다.

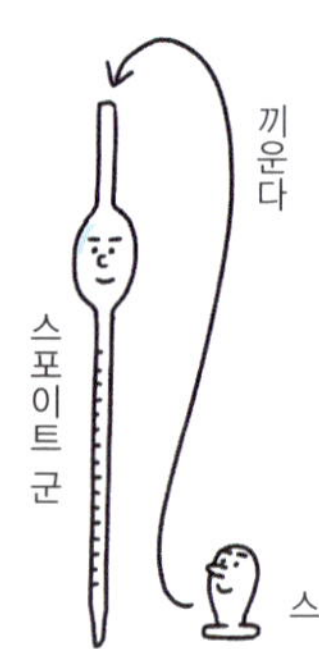

쓰레기통

과학실을 깨끗하게 사용하려면 꼭 필요한 물건. 일반 쓰레기, 플라스틱 쓰레기, 유리, 금속 등 분류해서 담을 수 있도록 여러 개 비치하는 것이 좋다. 쓰고 난 액체 시약은 쓰레기통이 아닌 폐액용 탱크에 담아 전문 업체가 회수하도록 해야 한다.

→ 폐액용 탱크

❶ 납작해진 고무 벌브에서 엄지를 조금씩 떼면서 액체를 빨아들인다.

❷ 필요한 만큼 빨아들이면 다른 용기로 옮긴다.

❸ 벌브를 조금씩 누르면서 액체를 배출한다.

쉬어 가기 | 위기일발!

시약을 폐기할 땐
안전 수칙을 지켜야 해!

고무관

유연성이 있는 고무 튜브. 기체를 만드는 실험에서 유리관을 서로 연결하거나, 흡인 거르기에서 아스피레이터와 감압 플라스크를 연결할 때 사용한다. 고무관은 오래 사용하면 낡아서 찢어지므로 주기적으로 교환해야 한다.

→ 유지 보수와 점검

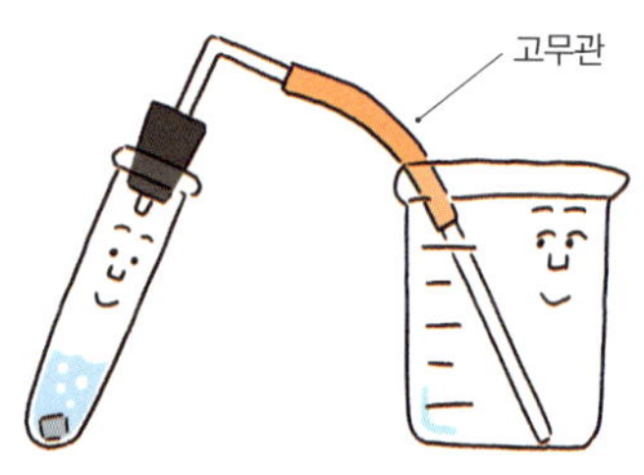

고무마개

시험관이나 플라스크를 밀폐하기 위한 기구. 천연 고무나 실리콘 고무(실리콘 마개라고 함) 소재가 초·중학교에서 많이 사용된다. 실리콘 고무가 내구성이 더 좋다. 참고로, 유리관을 낄 수 있는 구멍 뚫린 고무마개도 있다.

→ 빠지지 않아…

코르크 마개

시험관이나 플라스크를 밀폐하기 위한 기구. 고무마개보다 밀폐성은 떨어지지만, 고무를 녹이는 액체를 보관할 때 코르크 마개를 사용한다.

망가진 기구

폐기하지 않아 과학실이나 과학준비실에 보관된 기구. 초등학교의 과학 교과 전문 교사가 부족하거나, 폐기하려면 시간과 손이 많이 필요하기 때문으로 보인다. 아무도 열지 않는 서랍에 숨어 있을 때도 있다.

→ 수상한 서랍

다양한 마개

혼합물

두 종류 이상의 물질이 혼합되어 있고, 여과·증류·재결정 등의 방법으로 분류할 수 있는 물질. 예를 들어 식염수(물과 소금), 우유 (물, 유지방, 단백질 등), 공기(질소, 산소 등) 등 우리 주변에는 다양한 혼합물이 있다.

→ 순물질

곤충

절지동물(딱딱한 껍질로 덮여 있고 몸과 다리에 마디가 있는 동물) 중 하나. 곤충의 몸은 머리, 가슴, 배의 세 부분으로 나뉘고, 가슴에 다리 6개와 날개 4장이 달려 있다. 곤충은 생물 중에서 종류가 가장 많으며, 확인된 것만 약 100만 종에 이른다. 과학실에서 장수풍뎅이나 메뚜기, 사마귀 등의 곤충을 사육하기도 한다.

곤충 아님

겉보기에는 곤충과 비슷하지만 곤충이 아닌 동물. 거미, 진드기, 지네 등은 곤충이 아닌 절지동물이다.

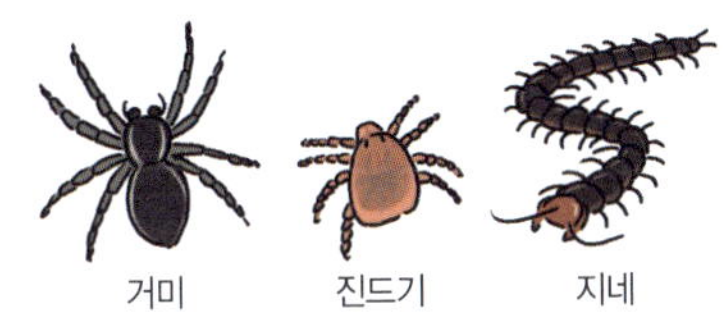

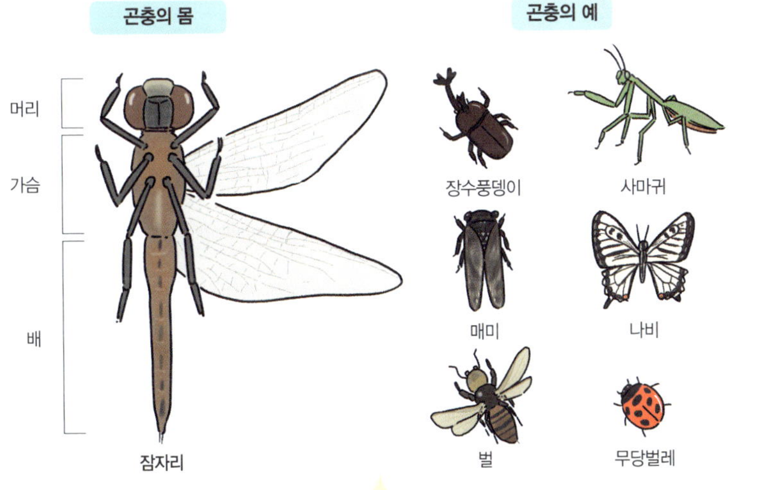

곤충 아님

원기의 임무 종료가 뜻하는 것

· 킬로그램 원기 → p.63

'원기'란 뭔가를 규정할 때 최고 최상급 기준을 말합니다. p.63에 나와 있듯이, 킬로그램 원기는 2019년까지 1kg의 기준이었습니다. 그러니까 2019년까지는 기준이었지만 지금은 아니라는 거죠. 그럼 지금은 무엇이 1kg의 기준일까요?

2018년, 전 세계 다양한 단위를 결정하는 제26회 국제도량형총회가 개최되었어요. 이때 단위(SI 기본 단위)를 개정하기로 정해, 2019년 5월 20일부터 새로운 '킬로그램 정의'를 사용하게 되었습니다. 새로운 정의에서는 킬로그램 원기를 사용하지 않습니다. 즉, 킬로그램 원기는 이제 엄밀한 1kg을 결정하는 도구가 아닌 거죠.

지금 존재하는 다양한 단위는 원래 자연물이나 자연 현상을 기준으로 정해졌습니다. 예를 들어 길이의 기준은 지구 한 바퀴 둘레, 온도의 기준은 물이 얼거나 끓는 온도 등입니다. 그런데 조건에 따라 변화하고 세밀한 계측이 어렵기 때문에 과학 기술이 발전함에 따라 기준으로 삼는 인공물이 만들어지기 시작했습니다. 이것이 원기입니다. 그 외에 미터 원기도 유명합니다.

기술이 더욱 발전하자 기준이 더욱 엄격해질 필요가 생겼습니다. 컴퓨터 세계에서는 1초의 수천만분의 1과 같은 시간 단위가 필요해졌습니다. 기술 분야에서도 매우 짧은 시간 동안 물체가 움직이는 거리라든지 극히 미세한 무게 변화와 같은 엄밀성이 요구되기 시작했습니다. 그러자 원기처럼 실체가 있는 기준으로는 미세한 온도 변화나 물질 변화(산소가 결합하는 등)에서도 무시할 수 없는 오차가 발생했습니다. 그래서 물리 상수(인간이 정한 값)를 기반으로 하는 방법을 채택했습니다.

지금까지 대부분의 단위가 물리 상수를 기반으로 한 기준으로 변경되었고, 초의 기준만 아직 바뀌지 않았습니다. 인류 역사에서 단위의 기준 변경은 위대한 발견에 따라 이루어졌습니다. 따라서 모두가 바뀌면 과학에서 물질을 바라보는 관점이 어마어마하게 변화할 거라 예상됩니다. 킬로그램 원기가 임무를 마친 것은 그 대변혁으로 이어지는 가슴 뛰는 역사적 사건이었습니다.

한편, 현재의 1kg 기준은 빛의 진동수(주파수)와 에너지의 비례 관계를 나타내는 플랑크 상수라는, 양자론에서는 중요하지만 우리 일상에서는 조금 낯선 상수입니다.

—야마무라 신이치로

열 변색 잉크

온도가 높아지면 파란색에서 분홍색으로 변하는 성질을 가진 잉크. 시온 잉크, 서모 잉크라고도 한다. 액체의 가열되는 모습을 알아보는 실험에 사용한다. 먼저 열 변색 잉크를 물에 넣어 파란색으로 만든 뒤 가열해 색의 변화를 관찰한다. 가열된 물은 위로 올라가고, 위에서부터 차례로 열이 전달되는 것을 볼 수 있다.

→ 대류

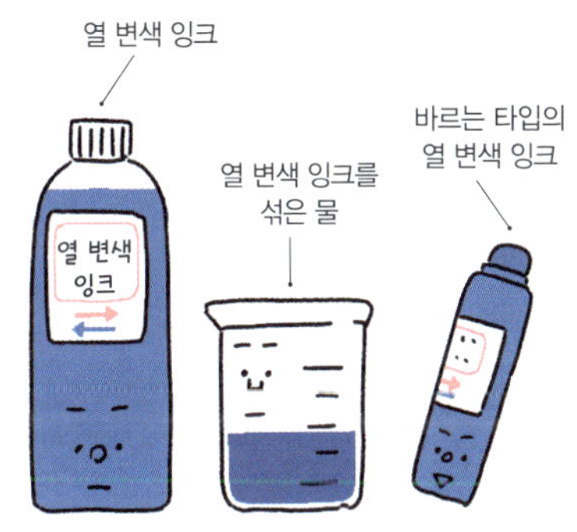

물이 가열되는 방식을 관찰하는 실험

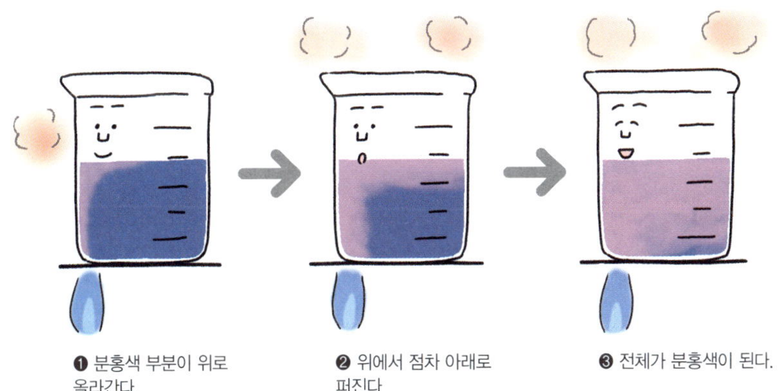

❶ 분홍색 부분이 위로 올라간다.

❷ 위에서 점차 아래로 퍼진다.

❸ 전체가 분홍색이 된다.

재결정

결정성 물질을 정제하는 방법의 하나. 결정성 물질의 고체를 물이나 다른 용매에 녹여 냉각하거나 증발시켜 불순물을 없앤 뒤 다시 결정화하는 방법이다. 결정성 물질이란 철, 은, 소금 등 원자나 이온이 규칙적으로 배열되어 있는 물질을 말한다.

→ **증발 접시, 포화 수용액, 명반**

사이펀

높은 곳에 있는 액체를 낮은 곳으로 옮기는 관 또는 그 원리. 빨아넘이관이라고

도 한다. 동력 없이 물을 이동시킬 수 있어 편리하다. 등유 펌프도 이 원리를 이용한 것이다.

→ 교훈 다완

사이펀으로 물을 이동시키는 방법

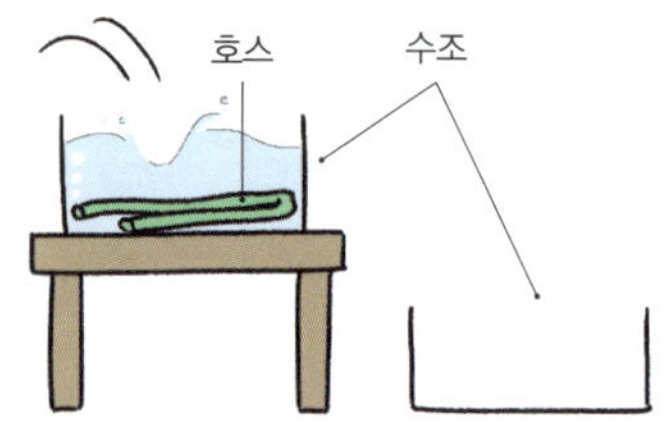

❶ 높은 곳에 놓인 수조에 호스를 넣고 호스 안의 공기를 뺀다.

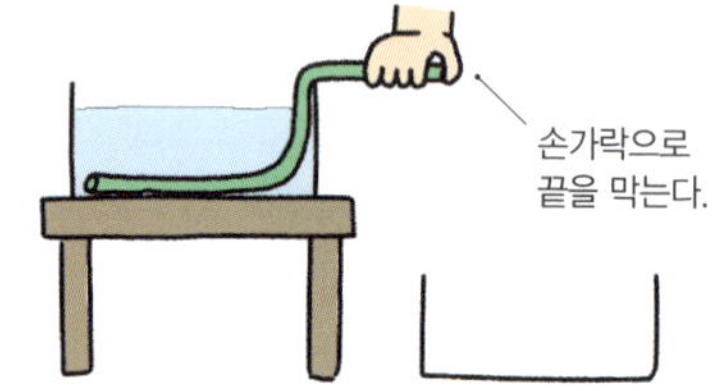

❷ 호스 끝을 손가락으로 누른 채 밖으로 뺀다.

❸ 호스를 빈 수조에 넣고 손가락을 뗀다.

❹ 물이 자동으로 이동한다.

세포

생물의 몸을 구성하는 기본 단위. 하나하나가 방처럼 되어 있고 그 안에 핵, 미토콘드리아 등 다양한 기관이 들어 있다. 세포

는 생물의 종류나 몸 어느 부위에 존재하느냐에 따라 크기와 모양이 달라진다. 식물 세포는 엽록체와 세포벽이 있는 등 동물 세포와 다른 점이 많다.

→ **염색액**

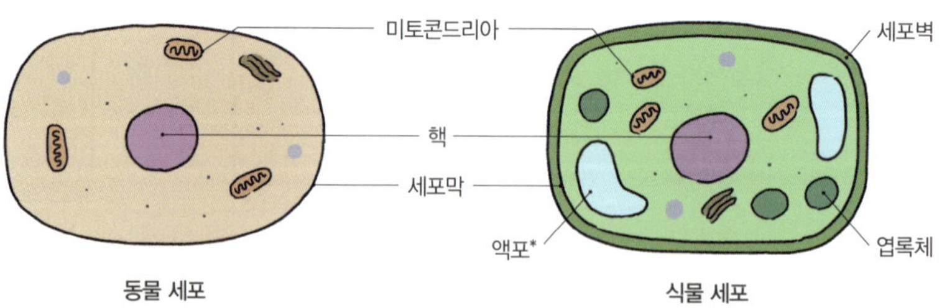

* 액포: 큰 거품 구조로, 액포막에 싸여 있다.

재이용

실험에서 사용한 시약은 기본적으로 회수해서 폐기해야 한다. 그러나 버리지 않고 다시 이용할 수 있는 것도 있다.

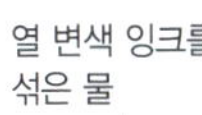

열 변색 잉크를 섞은 물
↓
같은 실험에서 재이용

소금이나 명반의 포화 수용액
↓
재결정 실험에 이용

촉매로 사용한 이산화 망가니즈
↓
세척 건조해서 재이용

사철

암석에 함유된 자철석이 바람이나 물에 풍화되어 만들어진 작은 알갱이. 사철은 자석에 붙는 성질이 있으므로, 자기장을 무늬로 나타내는 실험에 쓰인다. 슬라임에 사철을 섞어 자성 슬라임(자석에 반응하는 슬라임)을 만드는 실험에도 쓰인다.

→ 자기장

녹

산화 작용으로 쇠붙이의 표면에 생기는 물질. 산화란 산소와 결합하는 화학반응이다. 녹은 금속과 산소가 접할 때 일어나며, 물에 닿으면 더 빨리 진행된다. 가끔 과학실의 오래된 약수저나 핀셋이 녹슬어 있는 경우가 있다.

→ 산소

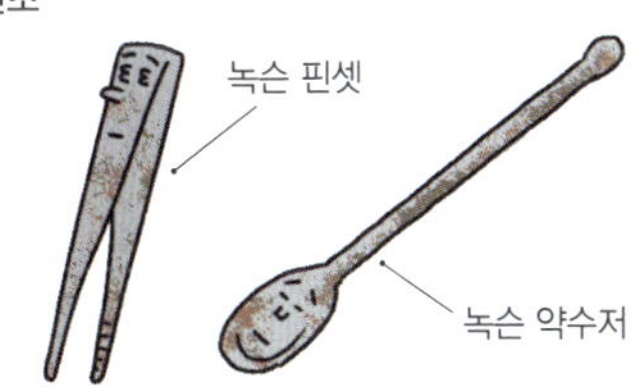

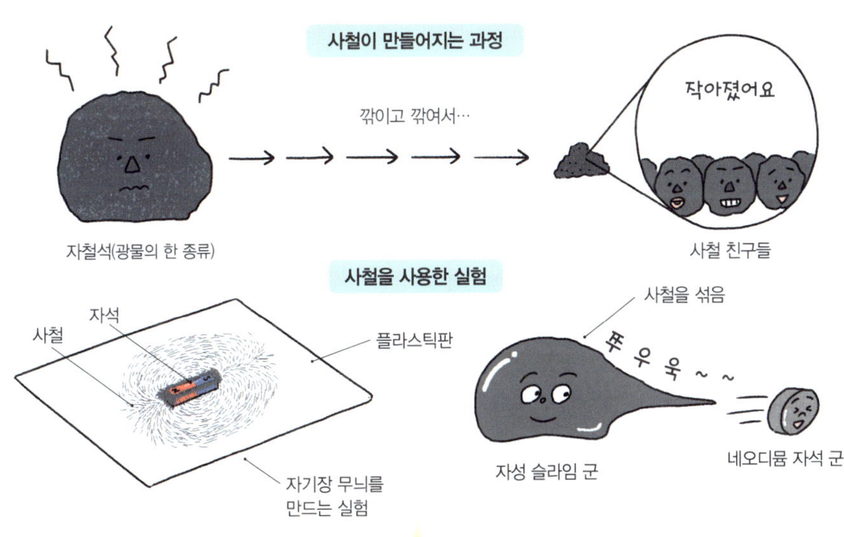

작용 반작용 법칙

———

어떤 힘이 물체에 작용할 때 그와 똑같은 크기의 힘이 반대 방향으로 작용하는(반작용) 법칙. 예를 들어 사람이 벽을 손으로 밀 때 미는 힘과 똑같은 크기의 힘이 손에도 작용한다. 작용의 힘과 반작용의 힘은 각각 다른 물체에 작용하고, 같은 선상에 있으며, 크기가 똑같다.

→ 물 로켓

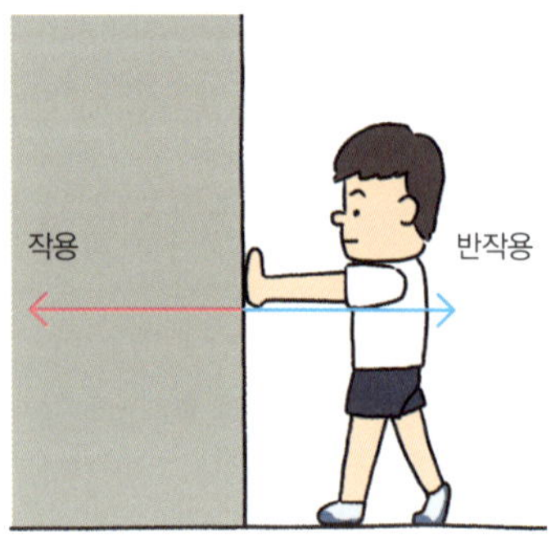

벽에 힘을 가하면 사람에게도 똑같은 힘이 같은 선상에 가해진다.

산

———

수용액이 되었을 때 산성을 나타내는 물질. 산성 수용액은 파란색 리트머스 종이를 빨간색으로, BTB 용액을 초록색에서 노란색으로 바꾼다. 산성을 띠는 것으로는 염산, 황산, 초산 등이 있다.

→ 염, pH 지시약, 리트머스 종이

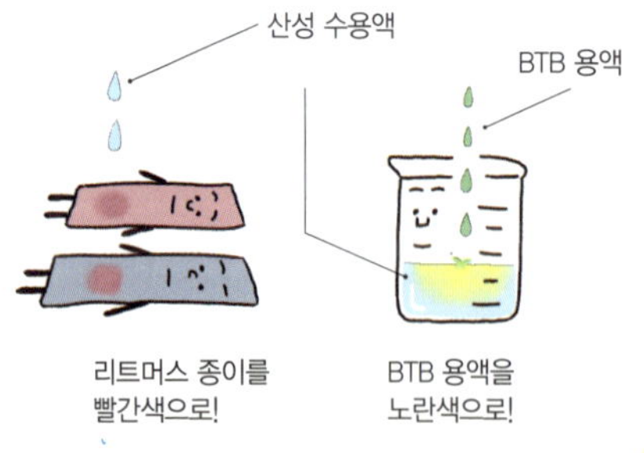

삼각 플라스크

———

삼각형 모양의, 바닥이 평평한 플라스크. 이것을 발명한 독일 화학자 에밀 엘른마이어(Emil Erlenmeyer)의 이름을 따서 엘른마이어 플라스크라고도 한다. 액체를 섞거나 보관할 때 사용한다. 바닥이 약하고 깨지기 쉬우므로 가열하면 안 된다.

→ 가열과 유리 기구, 플라스크

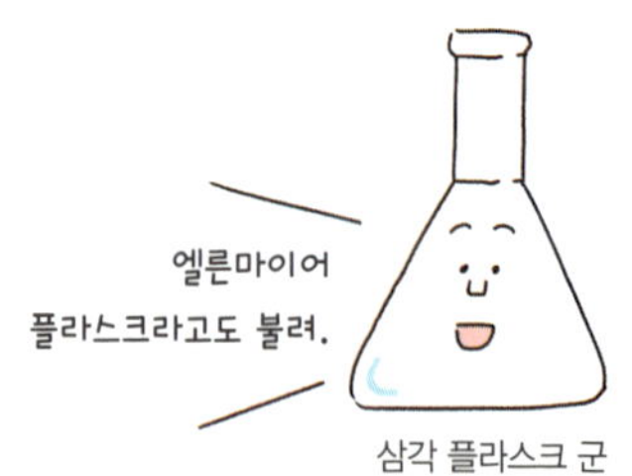

쉬어 가기 | 이럴 줄 몰랐어…

툭!
째졌다~

얘들아,
나도 같이하자.
그래~

준비됐어!
좋아,
그럼 힘껏 밀게!

하나, 둘~

잉?
탁!
아~~~

어…
슈웅~~
미끌
살려
줘~
하늘
하늘
비커 군과 리트머스
종이 군의 몸무게
차이가 많이 나네…
리트머스 종이 군한테
왠지 미안하네…

산소

무색무취의 기체. 공기의 약 21%를 차지한
다. 동물이 살아가는 데 꼭 필요한 기체다.
산소 자체는 연소하지 않으나, 물질이 연소
하는 것을 돕는 성질(조연성)이 있다. 물질
이 산소와 결합하는 화학 반응을 '산화'라
고 하는데, 연소도 산화의 하나다.

→ **호흡, 녹, 연소**

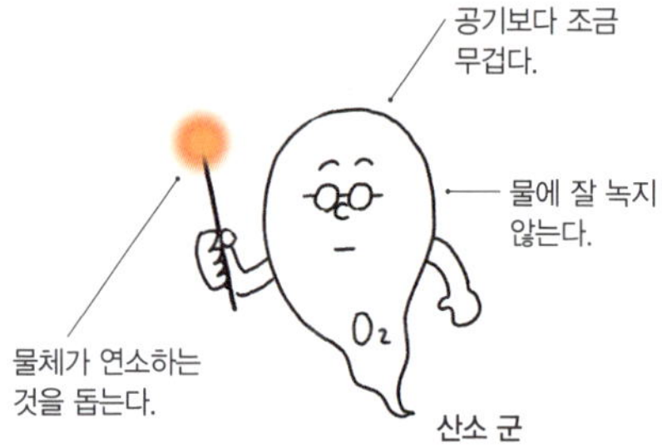

자기장

자석의 힘이 작용하는 공간. 자기장의 힘
은 자석의 N극에서 S극 방향으로 작용한
다. 자기장 안에 나침반을 놓으면 이 사실
을 확인할 수 있다. 이 원리를 이용해 사철
로 자기장의 무늬를 만드는 실험이 자주
시행된다.

→ **사철, 나침반**

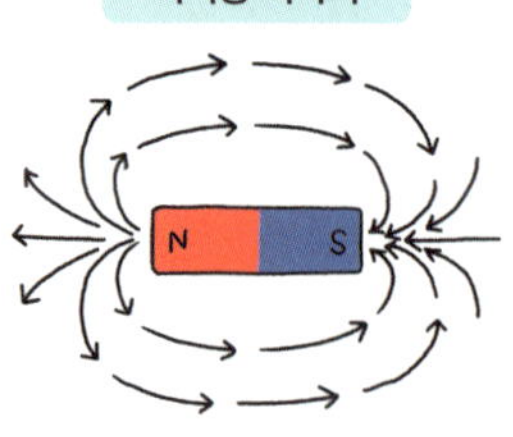

시험관

소량의 액체로 실험할 때 사용하는 가늘고
긴 유리 기구. '림'이라고 불리는, 약간 두꺼
운 링 모양 입구는 시험관의 내구성을 높
이는 효과가 있다. 실험에서 발생하는 기체
를 모으거나 작은
금속 조각과 염산
의 반응을 조사하
는 실험 등 다양한
상황에서 활용된다.

→ **소형 세척 솔**

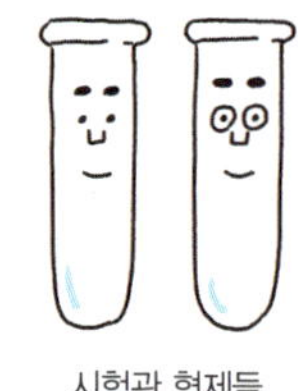

시험관 형제들

시험관 꽂이

시험관을 세우기 위한 기구. 목제나 금속
제, 플라스틱제, 세울 수 있는 개수가 적은
것부터 많은 것까지 여러 가지 종류가 있
다. 긴 막대는 세척한 시험관을 아래 방향
으로 꽂아서 건조하기 위한 것이다.

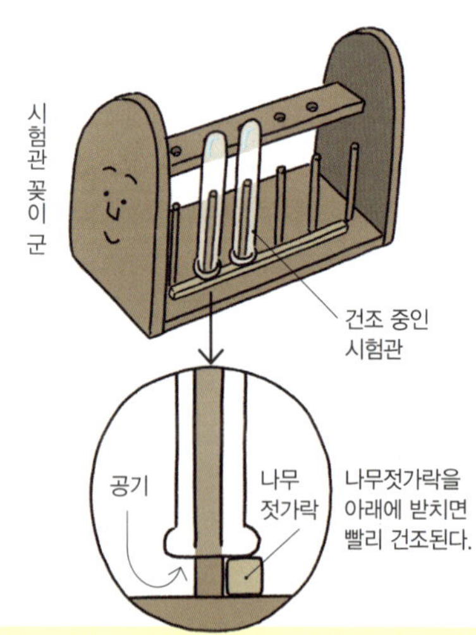

시험관 집게

시험관을 가열할 때 시험관을 잡는 데 사용하는 기구. 집게 부분의 스프링이 헐거워지지 않았는지 확인한 다음 시험관 입구 근처를 잡아야 한다.

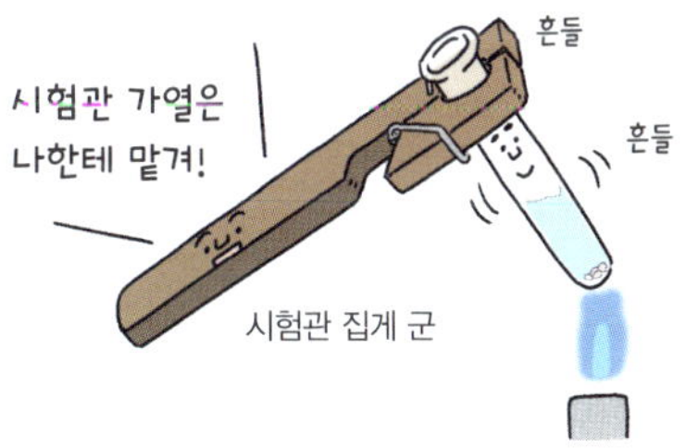

자석

철이나 코발트, 니켈 등을 끌어당기는 성질을 가진 물체. 사용되는 소재에 따라 몇 가지 종류가 있다. N극과 S극이 있으며, 다른 극끼리는 서로 끌어당기고 같은 극끼리는 서로 밀어낸다.

→ 사철, 자기장, 나침반

시험지

수용액의 성질이나 특정 물질의 유무를 조사하기 위한 종이. pH 시험지나 리트머스 종이 외에도 여러 종류가 있다.

→ pH 시험지, 리트머스 종이

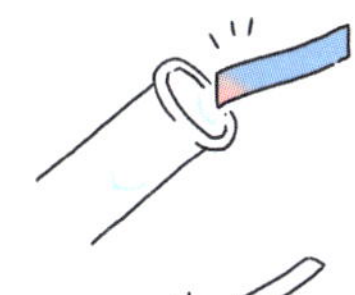

염화 코발트 종이
물이 닿으면 파란색에서 빨간색으로 변한다.

잔류 염소 시험지
수용액을 묻히면 색의 변화로 염소 농도를 알 수 있다.

자석의 성질

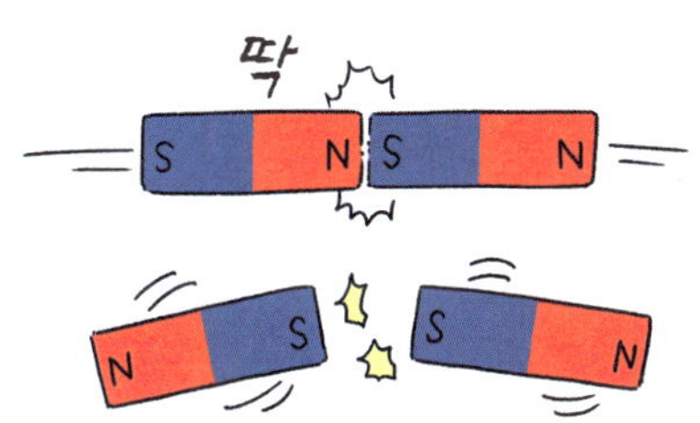

자석의 종류

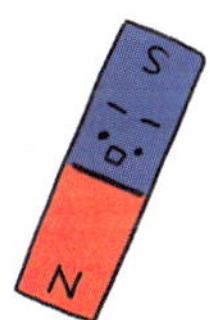

페라이트 자석 군
산화 철이 주요 원료. 가장 일반적인 자석으로, 가격이 저렴하다.

알니코 자석 군
알루미늄, 니켈, 코발트가 주요 원료. 자력은 페라이트와 네오디뮴의 중간 정도다.

네오디뮴 자석 군
매우 강력한 자석. 자동차나 PC 등 가장 널리 활용된다.

실험

이론이나 현상을 관찰하고 측정하는 방식 중 하나. 궁금증을 해결하거나 가설을 검증하기 위해 실시한다. 조절된 조건에서 대상 물체에 일어나는 현상을 기록하거나 수치를 측정한다. 가설을 세워서 실험하고 고찰하는 과정은 과학을 배울 때 중요하다. 단, 과학을 즐기는 의미에서 보면 가설뿐 아니라 눈앞의 신기한 현상을 직접 체험하는 것도 실험의 중요한 역할이라 할 수 있다.

→ 가설, 고찰, 재미있는 실험

실험 중에는 서 있을 것

실험할 때 지켜야 할 규칙 중 하나. 사고가 일어났을 때 바로 움직일 수 있어야 하므로, 실험 중에는 의자를 실험 책상 안으로 넣어 둬야 한다. 단, 현미경으로 관찰하거나 섬세한 작업을 장시간 해야 할 때는 앉아서 하는 것이 좋다.

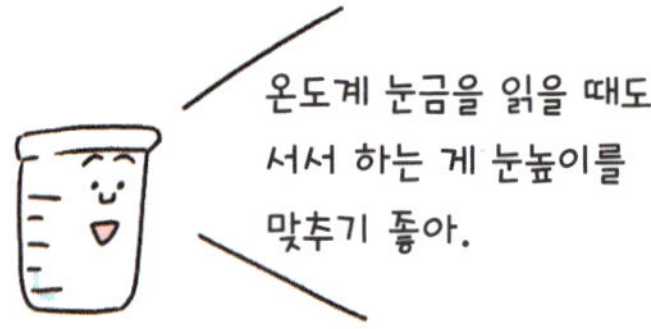

실험대

실험할 수 있게 마련된 책상. 싱크대가 설치된 경우가 많다. 책상 밑에는 교과서 등을 넣을 수 있는 수납 공간이 있다.

→ 접이식 수전, 분실된 교과서와 노트

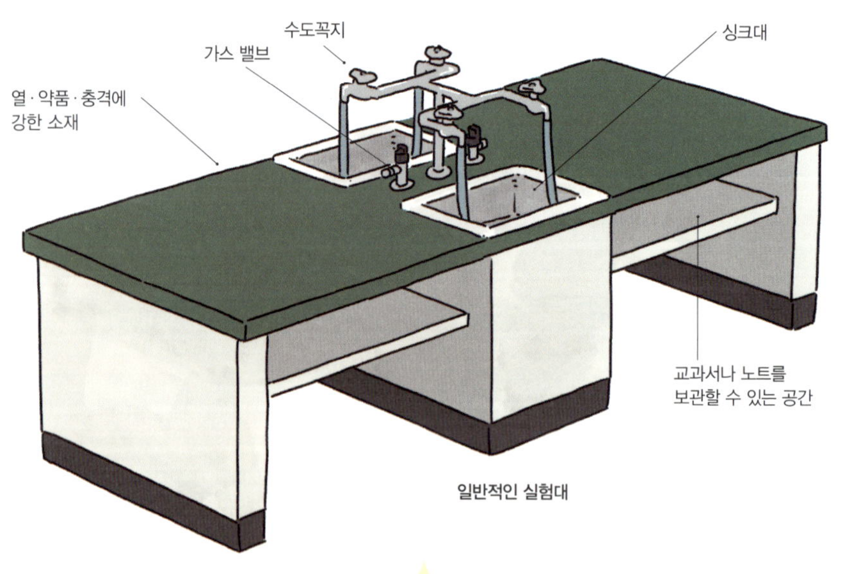

실험용 가스버너

가열 기구 중 하나. 점화와 화력 조절이 간편하고 쓰러질 위험이 없어 안전한 편이다. 삼발이를 제거하면 시험관도 가열할 수 있다. 이런 점 때문에 지금은 알코올램프 대신 실험용 가스버너가 주로 쓰인다.

→ **알코올램프**

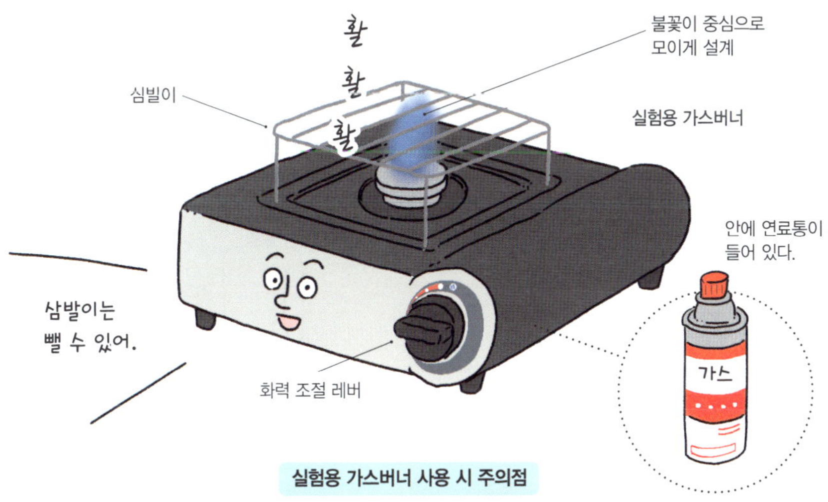

실험용 가스버너 사용 시 주의점

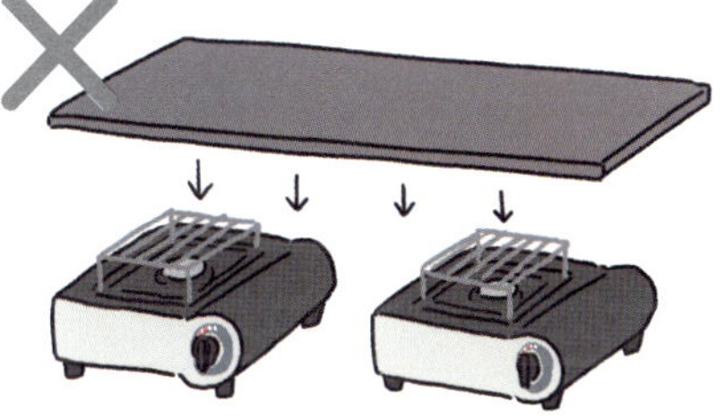

실수

과학실에서 일어나는 실수로는 시약을 엎지르는 경우, 프레파라트를 제작할 때 덮개유리가 깨지는 경우, 세척 솔로 시험관을 깨뜨리는 경우 등이 있다.

질량

물체 자체의 고유한 양으로, 움직이는 데 힘이 얼마나 들어가는지 나타내는 정도. '무게(중량)'와 비슷하지만 다르다. '무게'는 물체에 가해자는 중력의 크기이므로 중력이 다른 곳(예를 들어 달)에서 달라지지만, '질량'은 어디서나 변하지 않고 일정하다. 예를 들어 탁구공과 커다란 쇠구슬이 우주선 안에 떠 있을 때 둘 다 손 위에 올려놓으면 무게를 느낄 수 없으나, 던지면 쇠구슬 쪽에 훨씬 큰 힘이 들어 간다.

→ 무게

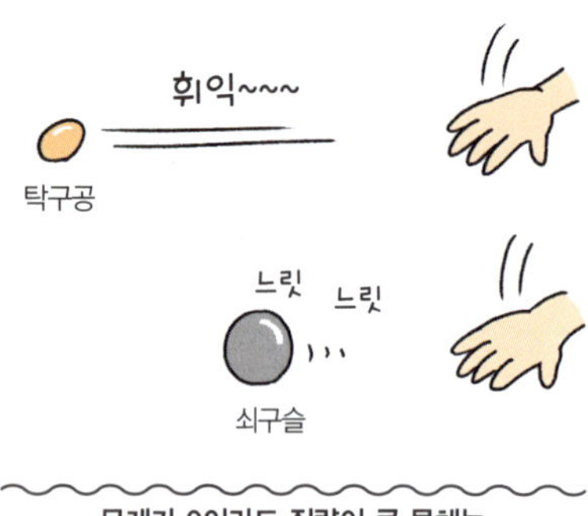

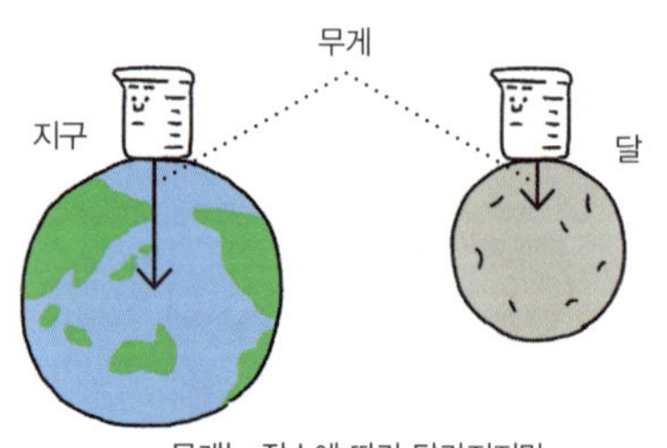

무게는 장소에 따라 달라지지만,
질량은 장소와 상관없이 똑같다.

질량 보존의 법칙

화학 반응 전후로 반응에 관여한 물질의 질량 총합은 변하지 않는다는 법칙. 단, 핵융합이나 핵분열 등 질량이 에너지로 바뀔 때는 이 법칙이 성립하지 않는다.

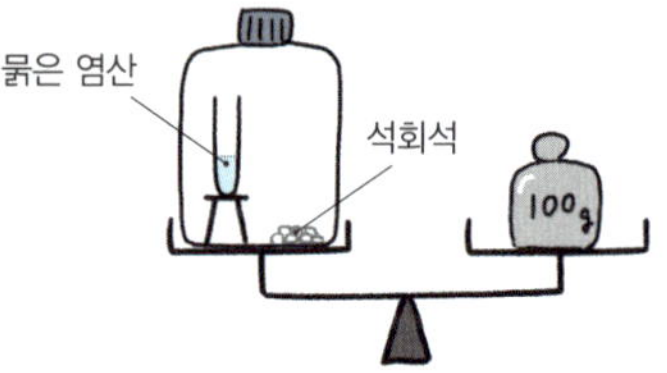

❶ 반응 전(반응 장치의 총질량 100g)

❷ 반응 후(반응해도 질량은 변하지 않는다)

❸ 뚜껑을 열면 이산화 탄소가 빠지면서 가벼워진다.

쉬어 가기 | 질량 보존의 법칙

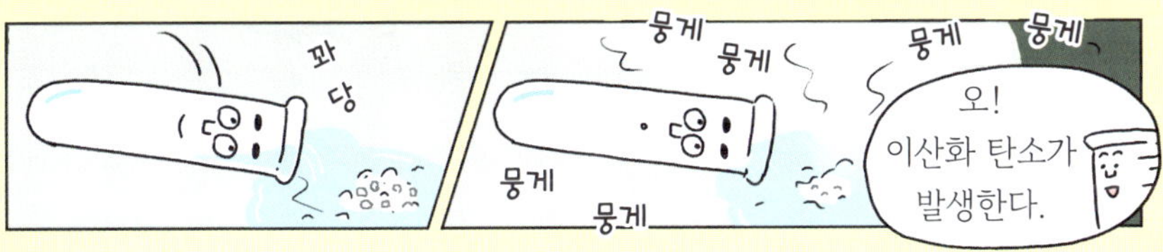

하면 안 되는 일들

사고나 부상으로 이어질 위험이 있는 행동. 실험기구나 기기 사용법, 시약 취급 방법 등에는 '하면 안 되는 일들'이 있다. 이를 지키지 않으면 기구가 파손되거나 폭발, 화재, 감전 등의 사고가 일어날 수도 있다. 선생님의 지시를 반드시 따르고, 원리와 과정을 충분히 이해한 다음 실험이나 관찰에 임해야 한다.

→ 안전제일, 과학실 규칙

시약을 맨손으로 만지거나 핥으면 안 된다
(피부나 혀를 다칠 수 있음).

햇빛을 돋보기로 보면 안 된다
(실명 위험).

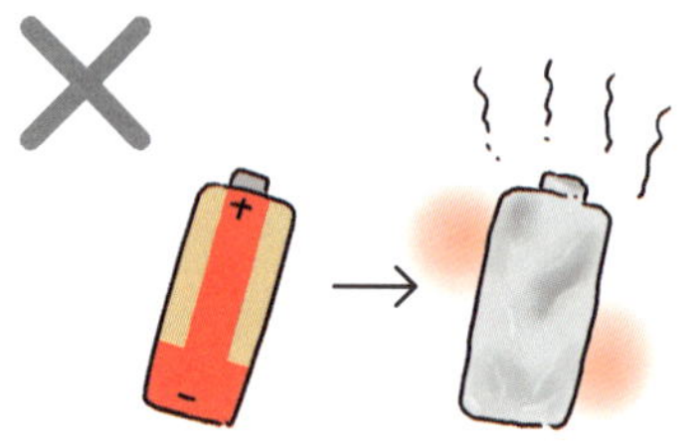

알루미늄박으로 건전지를 싸면 안 된다
(발열이나 폭발할 수 있음).

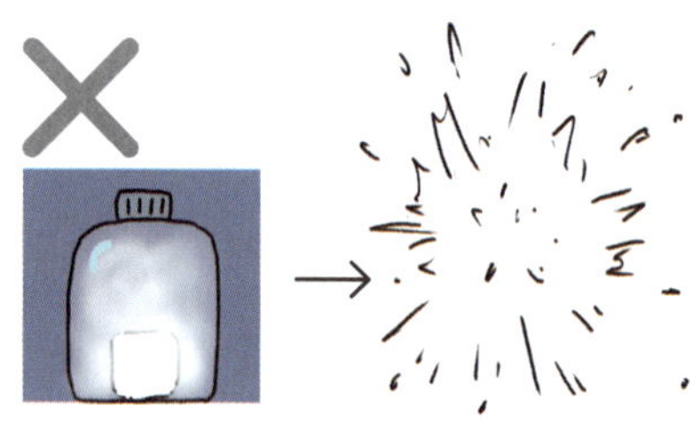

드라이아이스나 액화 질소를 밀폐하면 안 된다
(파열 위험).

가열 기구 가까이 가연성 물체를 놓으면 안 된다
(화재 위험).

가열 중인 시험관을 들여다봐서는 안 된다
(돌비 현상에 의한 화상 위험).

페트리디시

생물 실험이나 화학 실험에 주로 사용되는 기구. 페트리디시를 처음 만든 율리우스 페트리(Julius Petri)의 이름에서 따왔다. 종자의 발아 실험이나 툴그렌 장치에서 생물 회수, 식염수의 건조 등에서 쓰인다. 대학이나 연구소에서는 주로 미생물 배양에 사용한다.

→ 발아, 툴그렌 장치

수도꼭지에 설치된 가느다란 고무관

실험대의 싱크대 수전에 장착된 호스. 호스를 설치하는 이유는 주변에 물이 잘 튀지 않게 하기 위해서, 그리고 실험 중에 시약이 얼굴에 튀거나 눈에 들어갔을 때 재빨리 물로 씻어내기 위해서다.

→ 사고 발생 시 대응법

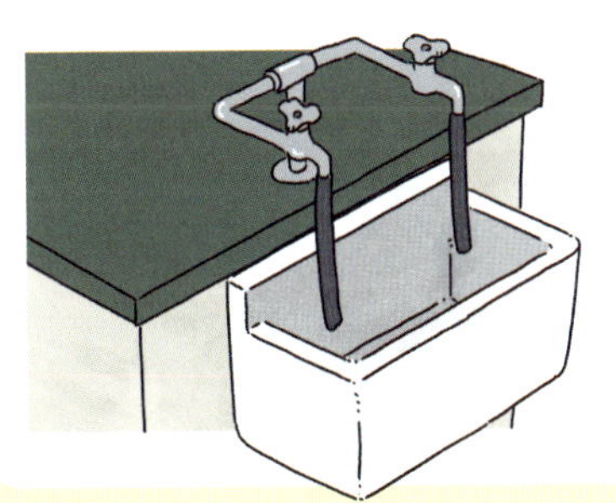

시약병

약품 보관에 사용하는 기구. 입구가 좁은 액체 시약용 유형과 입구가 넓은 고체 시약용 유형이 있다. 둘 다 뚜껑이 한 세트로 되어 있는데, 너무 세게 닫으면 열기 힘들 수 있다. 이럴 때는 입구를 따뜻하게 덥히거나 나무망치로 톡톡 두드리면서 연다.

→ 빠지지 않아…

차광 커튼

외부 빛을 차단하는 커튼. 암막이라고도 한다. 과학실에 설치하면 불필요한 빛을 차단해 주어 프리즘을 이용한 실험이나 달의 위상 변화를 재현하는 실험 등을 할 때 도움이 된다.

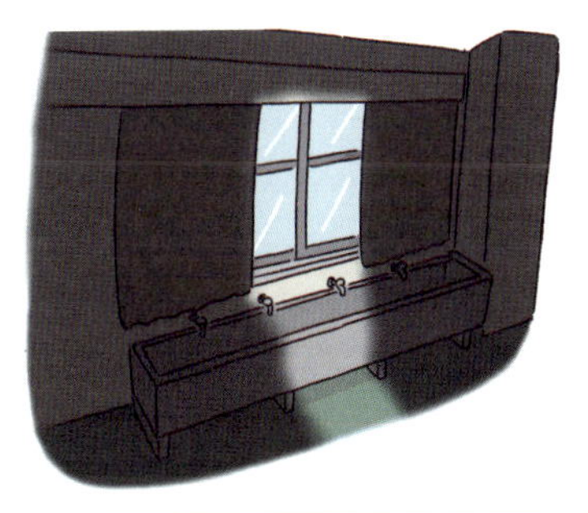

일식 안경

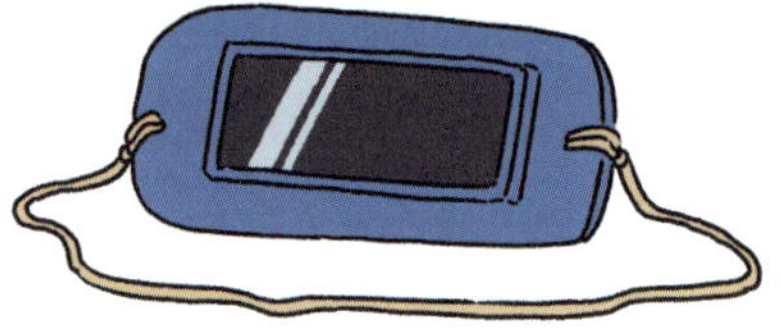

일식 등 태양을 관찰할 때 사용하는 기구.
눈에 해로운 빛(자외선, 적외선 등)을 거의
차단할 수 있다.

→ 햇빛, 일식

비눗방울액

비눗방울을 만들기 위한 액체. 주방용 세
제를 물로 희석해서 만들 수도 있다. 드라
이아이스를 넣은 수조에다 비눗방울을 띄
우는 실험이나 입구에 비눗방울액을 묻힌
시험관을 손으로 쥐어 온도와 부피의 변화
를 관찰하는 실험 등에 쓰인다.

→ 드라이아이스

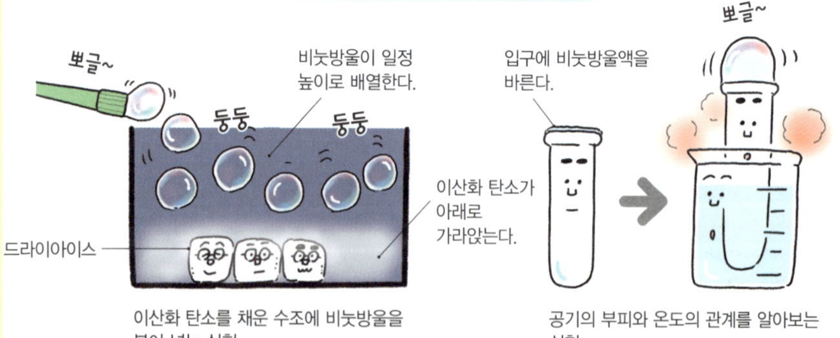

이산화 탄소를 채운 수조에 비눗방울을
불어 넣는 실험

공기의 부피와 온도의 관계를 알아보는
실험

쉬어 가기 | **벌써 밤이야?**

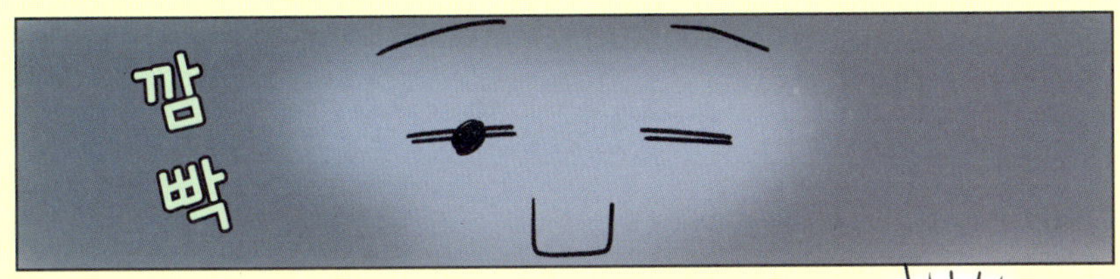

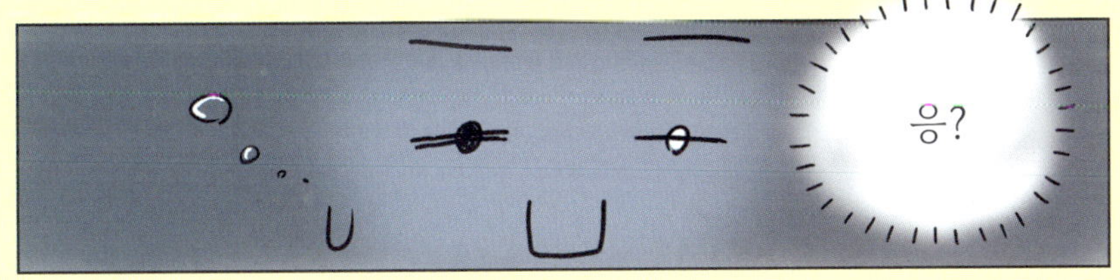

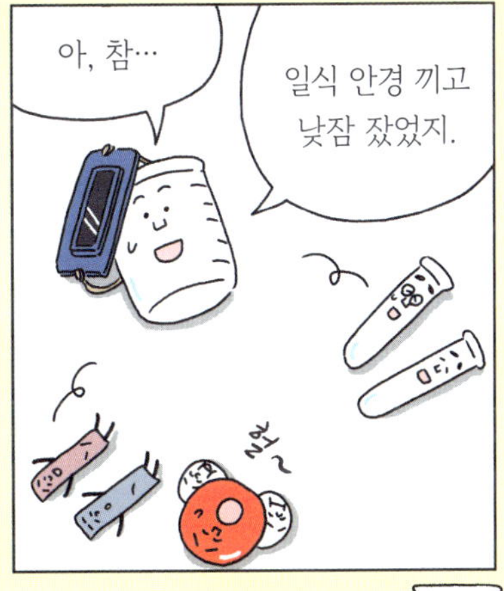

일식 안경을 끼면 완전 깜깜해.

집기병

기체를 모으기 위한 병. 뚜껑은 원반형의 유리로 된 것과 손잡이가 달린 금속제가 있다. 집기병은 발생시킨 기체를 모으는 용도뿐만 아니라 연소숟가락이나 양초 등을 이용하는 실험에도 쓰인다.

→ 기체를 만드는 실험, 유리종

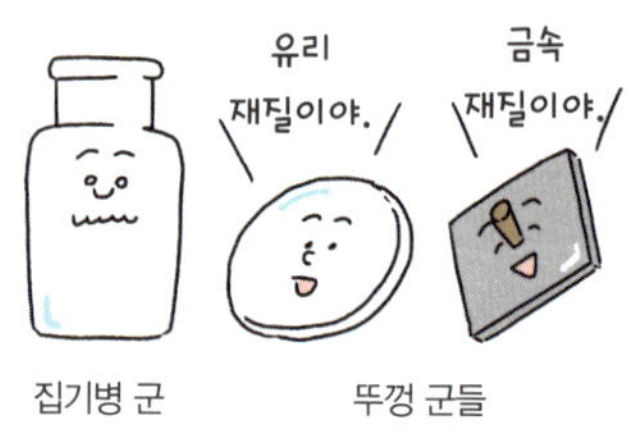

중심

물체의 무게 중심점. 중심을 잡으면 그 물체 전체를 기울임 없이 지탱할 수 있다.

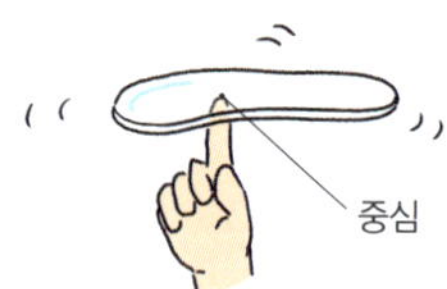

고칠 수 있으면 고쳐 쓴다

실험기구나 설비를 오래 쓰는 데 필요한 마음가짐. 위아래로 움직일 수 없게 된 갈대기대에 집게를 부착하거나, 살짝 이가 나간 스포이트의 끝부분을 버너로 가열해서 매끄럽게 만드는 것 등을 예로 들 수 있다.

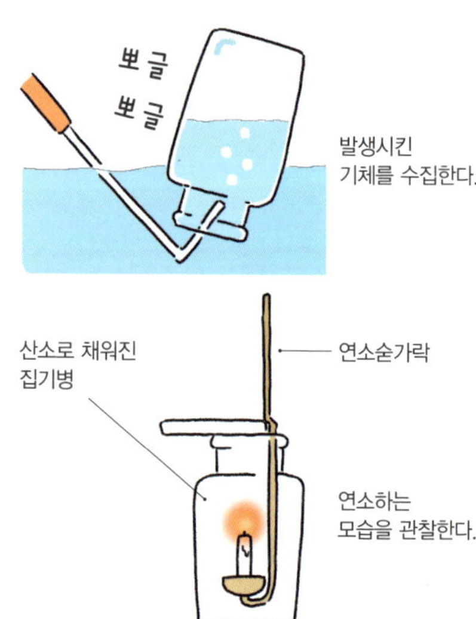

선생님마다 다양한 아이디어로 고쳐 쓴다.

→ 유지 보수와 점검

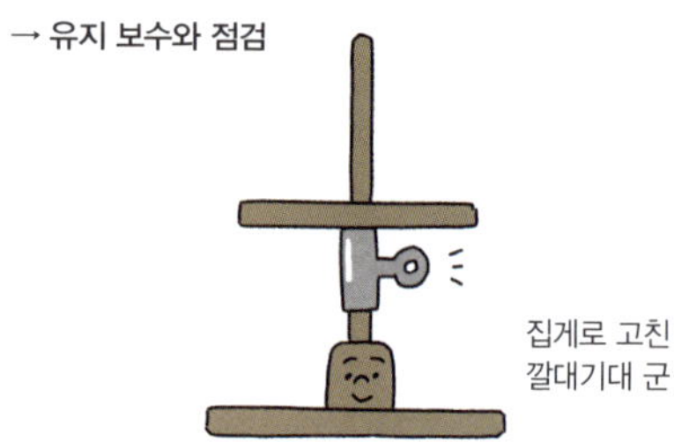

중력

지구가 지구상의 모든 물체를 지구 중심으로 끌어당기는 힘. 물체가 아래로 떨어지는 것은 중력이 작용하기 때문이다. 달에서 작용하는 중력은 지구의 1/6이며, 태양에서 작용하는 중력은 지구의 28배다.

→ 무게

종자

식물에서 나온 씨나 씨방. 식물이 자손을 남기기 위한 수단으로 사용된다. 많은 식물이 종자를 만드는데, 종자가 아닌 포자로 증식하는 식물도 있다. 종자는 바람으로 날아가는 것, 동물에 붙어서 운반되는 것 등 여러 종류가 있다. 그 모양은 각각에 적합한 형상을 띤다.

→ 발아, 꽃, 솔방울

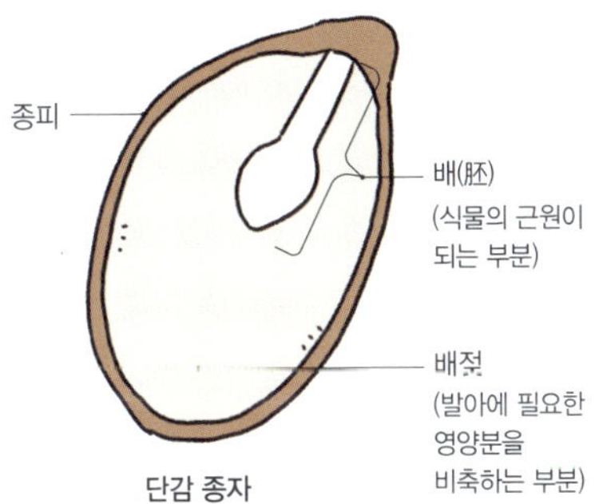

다양한 종자와 이동법

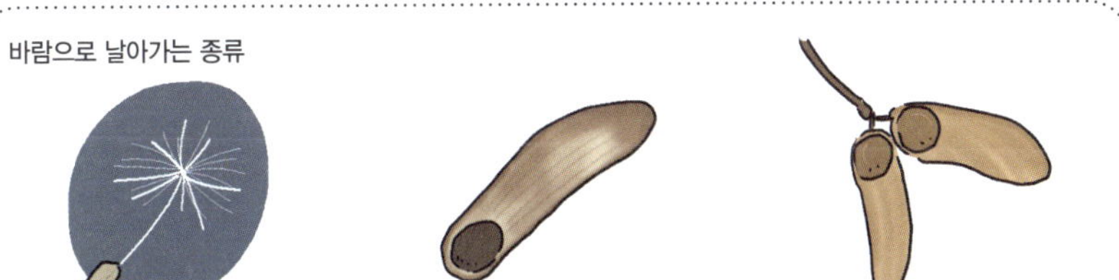

순물질

한 종류의 물질로만 구성된 것. 혼합물과 달리 거름, 증류, 재결정 등의 방법으로 두 가지 이상 물질로 분리되지 않는다. 산소, 철, 물, 에탄올 등이 이에 해당한다.

→ 혼합물

소화기

화재가 발생했을 때 불을 끄는 기구. 과학실 구석이나 복도에 설치되어 있다. 일반 화재, 기름 화재, 전기 화재에 대응할 수 있는 ABC 소화기 유형이 자주 사용된다. 만일의 상황에 대비해 소화기 설치 장소를 미리 확인해 두는 것이 좋다.

→ 걸레

소화용 모래

'소화용'이라고 쓰인 빨간 양동이에 들어 있는 모래. 알루미늄이나 마그네슘이 원인으로 일어난 금속 화재 때 산소를 차단하기 위해 사용한다.

증산 작용

식물의 기공에서 수증기가 밖으로 나가는 것. 뿌리가 수분이나 양분을 더 잘 흡수하고 식물 내 수분량을 일정하게 유지하는 등의 효과가 있다. 기온이 높고 햇빛이 강하면 증산 작용이 활발해진다.

→ 기공, 바셀린

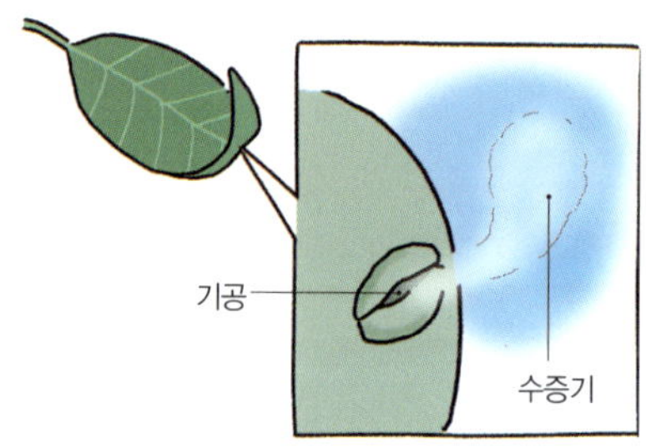

증산 작용을 알아보는 실험

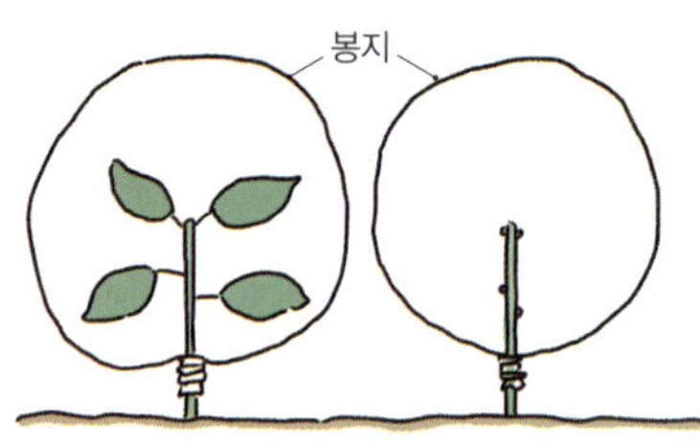

❶ 잎이 붙은 것과 잎을 뗀 것에 각각 비닐봉지를 씌운다.

❷ 몇 시간 지나면 잎이 붙은 쪽에 물방울이 맺힌다 (증산 작용에 따라 잎에서 수증기가 배출됨).

상태 변화

온도나 압력이 변화함에 따라 물질의 상태(고체·액체·기체)가 변하는 것. 화학 변화와 달리 물질 자체는 변하지 않고 상태만 변한다. 예를 들어 물을 가열해 수증기가 되는 것은 상태 변화일 뿐, 물이라는 물질 자체는 변하지 않는다.

→ 화학 반응(화학 변화)

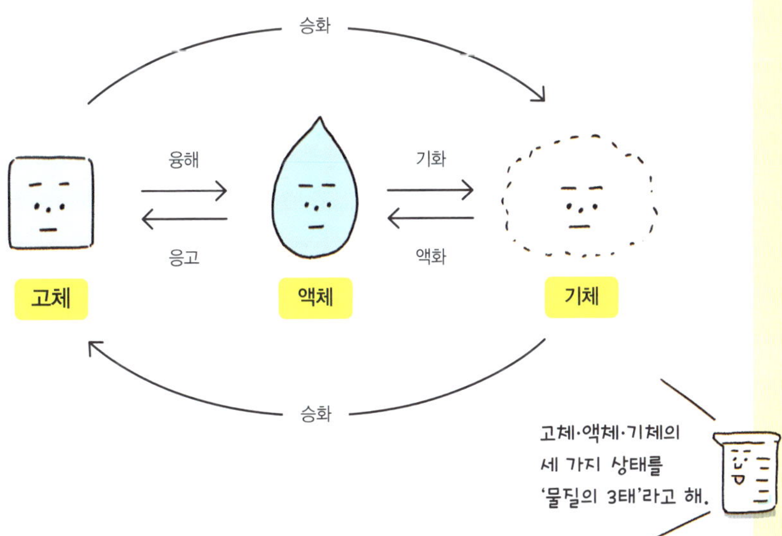

증발 접시

액체를 증발시켜 녹아 있는 고체 물질을 석출하는 데 쓰는 기구. 가열할 수 있다. 예를 들어 증발 접시에 소금물을 넣고 가열하면 수분이 증발하고, 남아 있는 소금을 석출할 수 있다. 이 과정을 증발 건고라고 하며, 재결정의 한 종류다.

→ 재결정

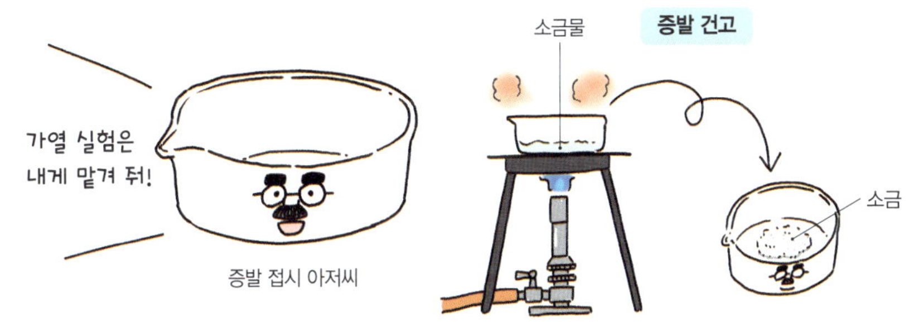

증발과 끓음(비등)의 차이

언뜻 같아 보이지만, 엄연히 다르다. 증발은 '액체 표면'에서 기체로 변화하는 것이고, 끓음은 '액체 내부'에서도 기체로 변하는 현상이 일어나는 것이다. 액체가 끓는 온도를 끓는점이라고 한다.

증류

물질의 끓는점 차이를 이용해서 혼합물을 분류하는 방법. 예를 들어 물과 에탄올의 혼합물을 가열하면 끓는점이 낮은 에탄올이 먼저 증기가 되어 나온다. 이 증기를 모아서 냉각시키면 액체인 에탄올만 추출할 수 있다.

→ 혼합물, 와인 증류

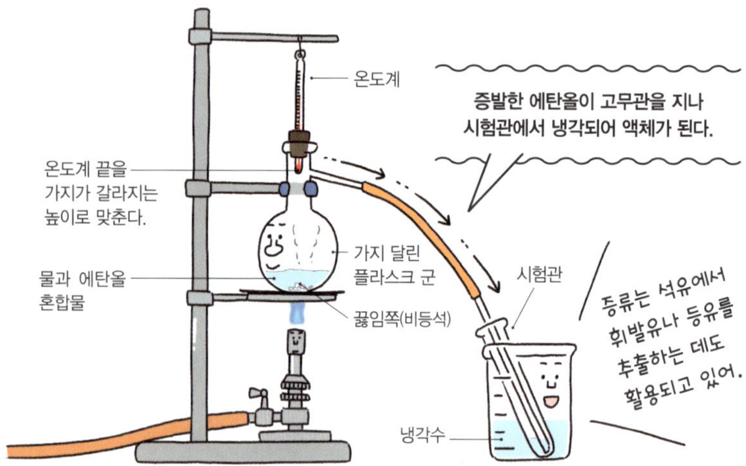

촉매

자신은 변하지 않고 화학 반응이 빨라지도록 돕는 물질. 예를 들어 과산화 수소로부터 산소를 발생시키는 실험에서 이산화 망가니즈가 촉매 역할을 한다.

실리카 겔

이산화 규소라는 물질이 주성분인 반투명 알갱이. 주로 건조제로 쓰인다. 파란색을 띠는 것은 배합 성분인 염화 코발트 때문이다. 수분과 결합하면 파란색이 분홍색으로 변한다.

→ 데시케이터

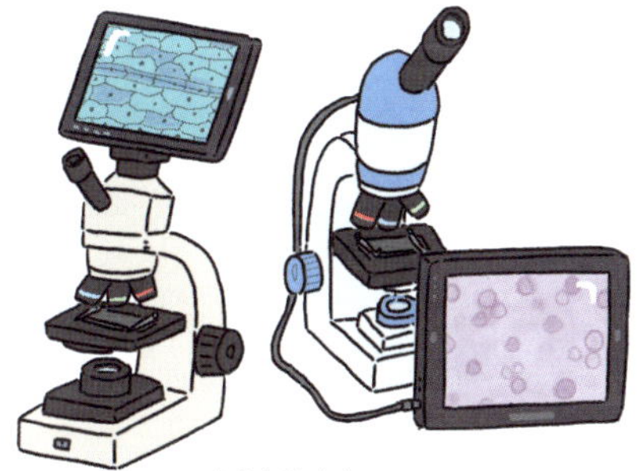

진화하는 기구

예전보다 기능이 향상된 기구 또는 새로 개발된 실험기구. 더 안전하고 쉬우며 지금까지 불가능했던 실험이 가능해졌다. 반면 익숙했던 실험기구들이 하나씩 사라져 조금 아쉽다.

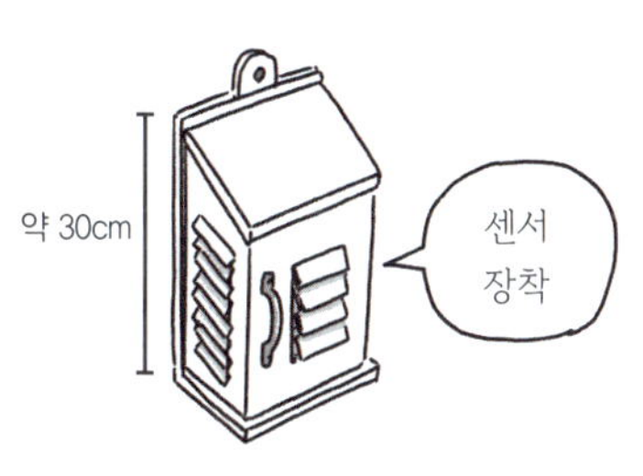

디지털 백엽상
기상 센서가 자동으로 측정해 데이터를 서버에 저장한다.

디지털 현미경
태블릿PC에 연결해 여럿이 동시에 관찰할 수 있다.

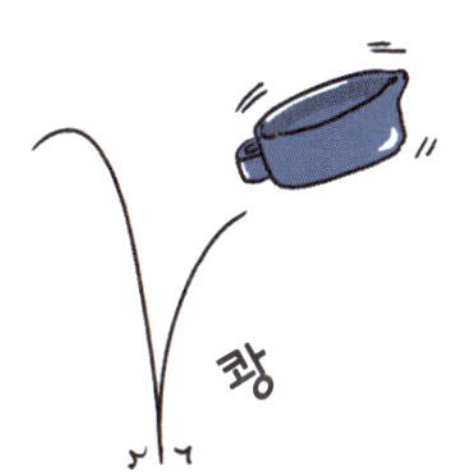

깨지지 않는 증발 접시
급격한 온도 변화나 충격에 강하다!

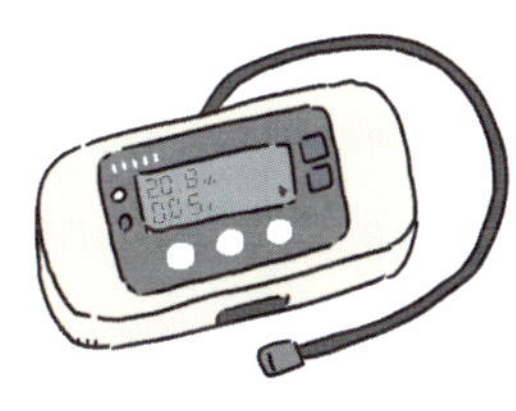

디지털 기체 측정기
산소나 이산화 탄소의 농도를 센서로 감지해서 측정한다.

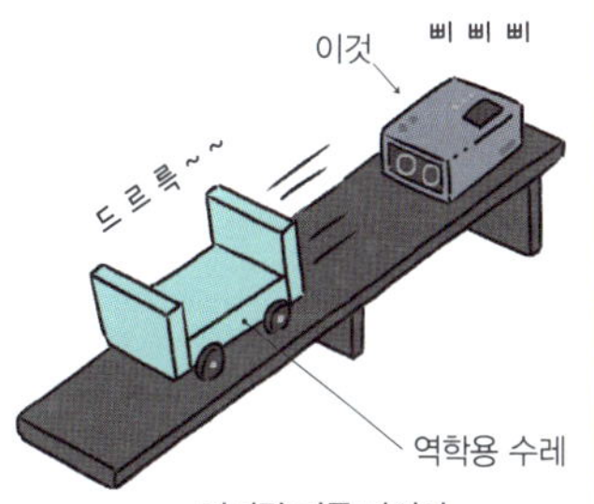

디지털 기록 타이머
센서로 속도를 읽어 낸다. 기록 테이프가 필요 없다.

진공

물질이 하나도 없는 공간. 하지만 현실 세계에서 완벽한 진공을 만들기는 불가능하다. 그러므로 공기를 빼내 대기압보다 압력을 낮게 만든 상태, 즉 공기가 희박한 상태를 진공이라 부르는 경우가 많다. 예전에는 진공 펌프와 배기판이라는 다소 번거로운 장치로 진공을 재현했으나, 최근에는 용기와 펌프가 한 세트인 간편한 진공 용기를 많이 사용한다.

→ 대기압, 마그데부르크의 반구

❶ 마시멜로를 넣고 위아래로 펌프질한다.

❷ 안의 공기가 줄어들면서 마시멜로가 부푼다!

❸ 위 버튼을 누르면 원래 상태로 돌아온다!

인공 연어알

화학 반응을 이용해서 만든 가짜 연어알. 착색한 알긴산 나트륨과 염화 칼슘 수용액을 이용해서 만들 수 있다. 이 방법으로 맛과 식감을 개량한 인공 연어알이 실제로 판매되고 있다. 일반인들은 진짜 연어알과 인공 연어알의 맛을 구분하기 어렵다고 한다.

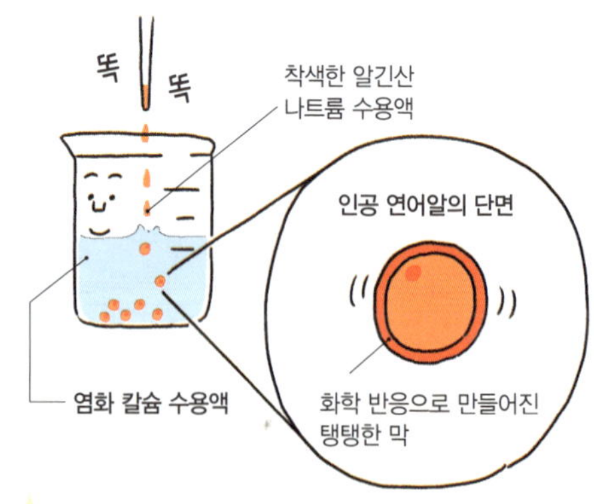

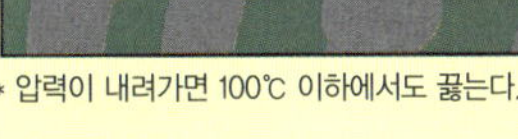

* 압력이 내려가면 100℃ 이하에서도 끓는다.

수증기로 안개가 꼈어…

인체 모형

사람 몸의 모양이나 구조를 본떠서 만든 모형. 크게 인체 해부 모형과 인체 골격 모형으로 나눌 수 있다. 해부 모형은 내장의 형태나 위치 관계를 학습하기 위한 것이고, 골격 모형은 뼈의 부착 형태나 모양, 길이 등을 익히기 위한 것이다. '과학실 하면 인체 모형이 있는 교실'이라고 떠올리는 사람이 많은데, 무서워하는 학생도 있어 평소에는 뒤로 돌려 놓는 학교도 있다.

→ **값이 비싼 기구**

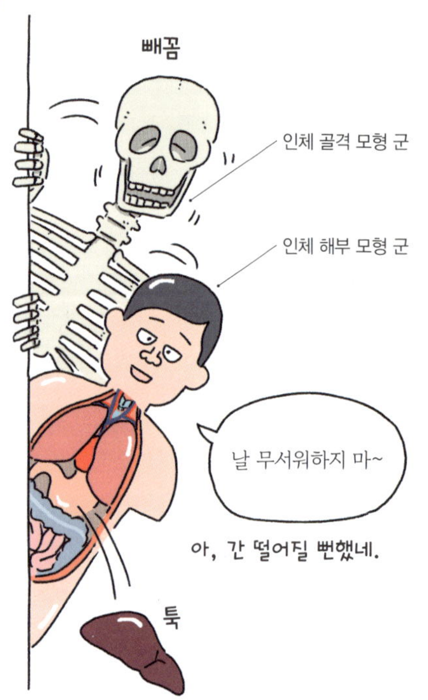

진동 반응

수용액에 색이 생겼다가 없어지거나 색이 주기적으로 변화하는 반응. 첫 반응에서 생긴 물질이 다른 반응을 일으키고, 이것이 또 다른 반응을 연쇄적으로 일으켰다가 첫 반응에 필요한 물질이 다시 만들어진다. 그래서 다시 첫 반응이 시작된다는 원리다. 순간 색이 변하는 것이 정말 신기해서 빠져드는 반응이다.

진동 반응의 이미지

수압

물이 물속에 있는 물체를 누르는 압력. 수압은 물체의 모든 면에 수직으로 작용한

다. 수심이 깊을수록 수압이 높아진다. 이는 페트병에 물을 넣고 높이가 다른 세 군데에 구멍을 뚫어 보면 알 수 있다.

→ **압력, 부력**

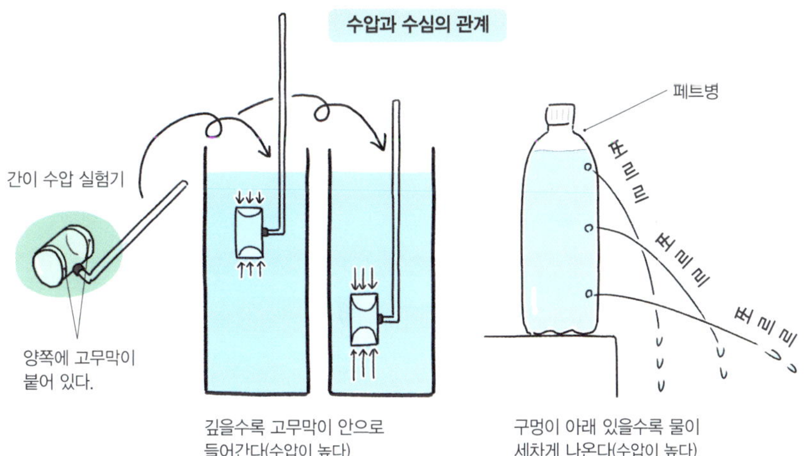

수산화 나트륨

하얀색 알갱이 모양의 약품. 가성 소다라고도 한다. 물에 매우 잘 녹고, 녹을 때 격렬하게 발열한다. 수산화 나트륨 수용액은 강한 염기성을 띠므로 취급할 때 주의해야 한다.

→ **알칼리, 보안경**

수증기

증발해 기체 상태가 된 물. 기체이므로 투명해서 눈에 보이지 않는다. 김과 혼동하기 쉽지만 다르다. 주전자 안의 물이 끓는

경우 주전자 주둥이 근처의 투명한 부분이 수증기(기체)이고, 그 끝의 하얀 부분이 김(액체)이다. 물이 끓을 때 물 안에 보글보글 큰 거품이 생기는데, 그 거품의 정체가 수증기다.

→ **김**

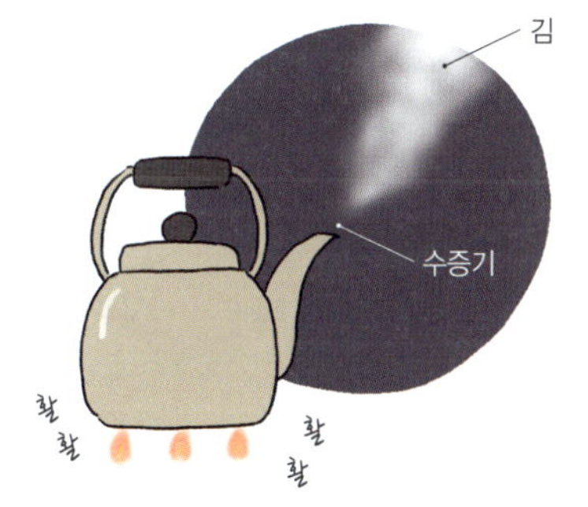

수소

무색무취의 가연성 기체. 기체 중에서 가장 가볍다. 수소를 발생시키는 실험에서 수소 발생 여부를 확인할 때는 반드시 시험관에 채취한 다음 입구 끝에 불을 붙여야 한다. 발생 장치의 유리관에 직접 불을 붙이면 폭발 사고가 날 수 있다.

→ 폭명기

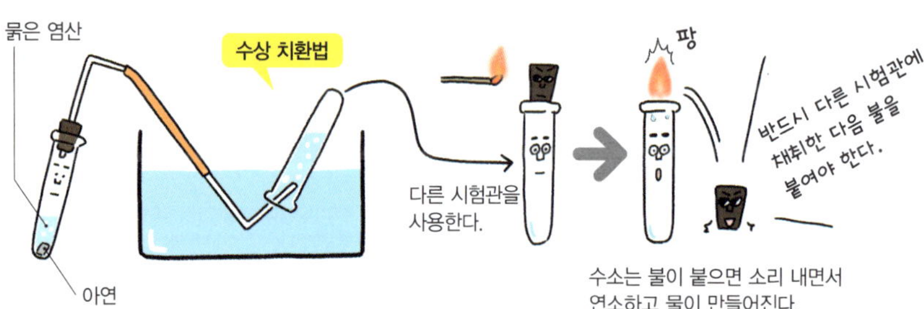

수조

물을 담고 실험하거나 생물을 키우는 데 사용하는 용기. 과학실 창가에 놓고 송사리·금붕어 등을 키우거나 검정말 등의 수초를 생육하는 데 사용한다.

→ 송사리

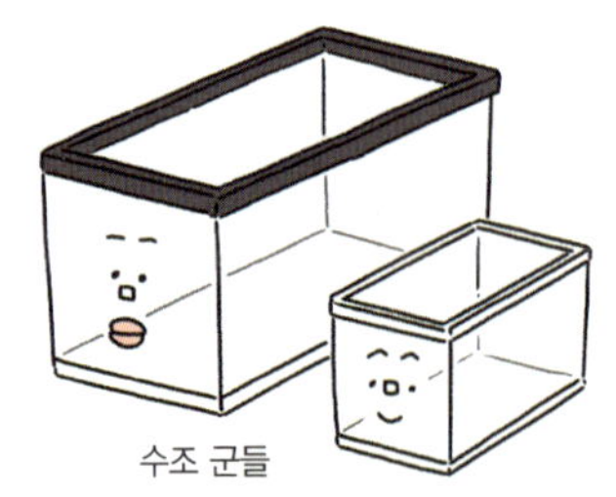

스위치

전기 회로를 연결하거나, 끊거나 전환하는 전기 기구. 개폐기라고도 한다. 회로를 구성한 다음 연결 방법에 문제가 없는지, 단락은 없는지 등을 확인한 뒤 스위치를 켜야 한다.

→ 회로

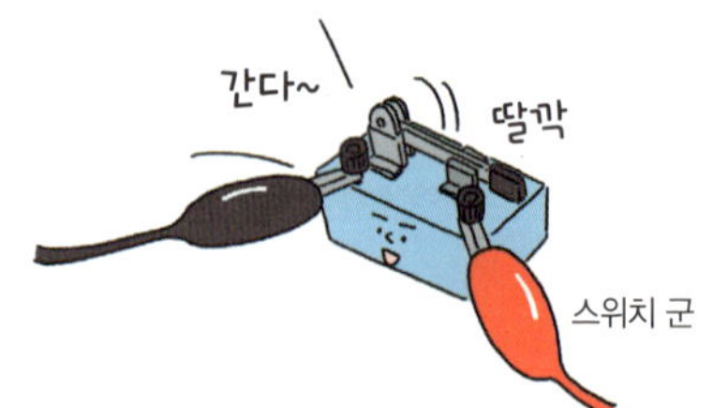

수용액

물에 물질(고체·액체·기체)이 녹아서 투명하고 균일하게 된 것. 예를 들어 식염수는 식염(고체)의 수용액, 탄산수는 이산화 탄소(기체)의 수용액이다. 이때 녹은 물질(식염수의 경우 식염)을 용질, 녹인 액체를 용매라고 부른다.

→ **용해**

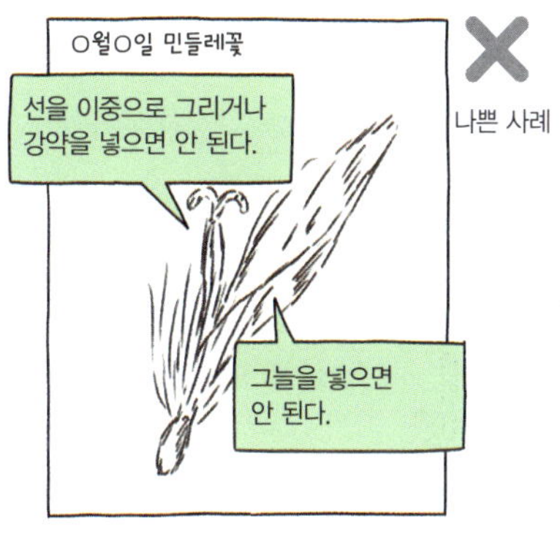

스케치

관찰 기록으로 남기는 그림이나 도표. 스케치하는 것은 식물이나 생물의 형태를 세밀하게 관찰하는 능력 향상에 도움이 된다. 사실적으로 그리는 것보다 그 물체를 본 적 없는 사람도 특징을 알 수 있게 그리는 것이 중요하다.

자기 교반기

액체를 섞는 장치. 마그네틱 스터러라고도 한다. 선생님이 사전에 시약을 준비할 때 사용하기도 한다. 마그네틱 바와 세트로 사용하면 자동으로 계속 액체를 혼합할 수 있다. 녹이는 데 시간이 오래 걸릴 때나 밀폐해서 혼합할 때 편리하다.

→ **마그네틱 바**

마그네틱 바

유리나 테플론 따위로 싸인 짧은 자석봉. 교반자라고도 한다. 용액이 담긴 비커에 마그네틱 바를 넣고 자기 교반기에 올리면 회전하며 용액을 혼합한다. 마그네틱 바는 모양, 크기, 자력의 세기 등에 따라 여러 종류가 있다.

→ 분실

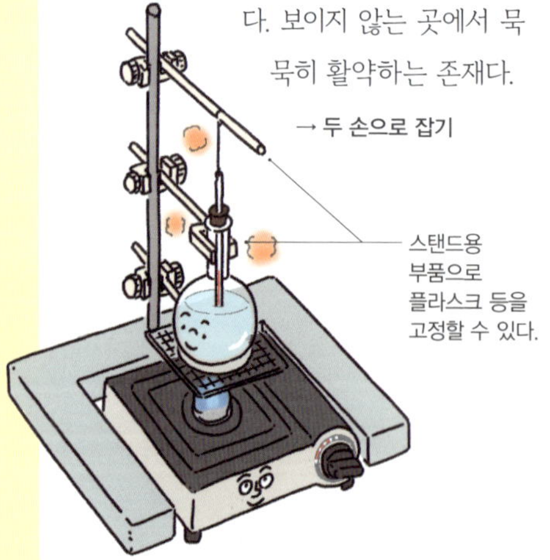

마그네틱 바의 종류

바닥이 평평한 용기에 적합

바닥이 둥근 용기에 적합

점도가 높은 액체에 적합

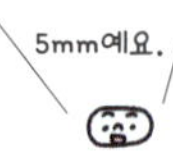

마이크로형
시험관 등에 적합

스탠드

기구를 원하는 높이로 고정하거나 여러 기구를 조립해서 사용할 때 쓰이는 기둥. 기체를 만드는 실험이나 증류 실험, 암모니아 분수 실험 등에서 활용한다. 보이지 않는 곳에서 묵묵히 활약하는 존재다.

→ 두 손으로 잡기

스탠드용 부품으로 플라스크 등을 고정할 수 있다.

스틸 울

주성분이 철인 금속을 가늘게 뽑아서 울(양모) 모양으로 가공한 것. 원래는 냄비나 프라이팬 등의 오염이나 녹을 제거할 때 사용하는데, 과학 실험에서는 연소 실험이나 염산과의 반응을 알아보는 실험 등에서 쓰인다.

→ 연소

맨손으로 만지면 안 되는 것들

특정 실험을 할 때 규칙 중 하나. 가열된 기구, 드라이아이스, 위험성이 높은 시약을 다룰 때는 화상, 동상, 약상 등을 입지 않도록 목장갑이나 고무장갑 등 상황에 맞는 장갑을 착용해야 한다.

가열 실험 중인 빈 캔 군

드라이아이스 군

분동 군

난로

난방 기구 중 하나. 과학실에서 물체가 어떻게 데워지는지 학습할 때 사용하기도 한다. 실내 여러 곳의 온도를 측정하면 난롯불로 데워진 공기가 어떤 식으로 이동하는지 알 수 있다.

→ 대류

난로 군

스톱워치

경과 시간을 측정할 수 있는 시계. 진자 실험이나 자극 실험을 할 때 사용한다. 자극 실험이란 옆 사람이 내 손을 잡았을 때 바로 다른 쪽 옆 사람의 손을 잡으면서 모두에게 전달되기까지 시간을 측정하는 실험이다. 이 실험으로 자극에 대한 사람의 반응 시간을 알 수 있다.

→ 진자

빨대

음료수를 마실 때 사용하는 도구. 과학에서는 사이펀의 재현이나 빨대 피리 등의 과학 교구를 만들 때 쓰인다. 가장 많이 쓰이는 용도는 정전기 실험이다. 빨대를 휴지로 여러 번 비비면 정전기가 발생하는데, 이것으로 잘게 찢은 종이나 약하게 흐르는 수돗물 등을 움직일 수 있다.

→ 사이펀, 정전기

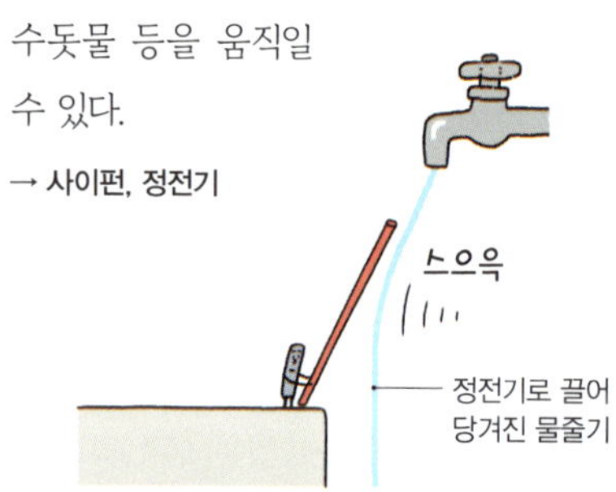

스모크 머신

인공적으로 연기를 만들어 내는 장치. 전용 액체를 가열해 안개로 분출한다. 가열된 공기의 흐름이나 직진하는 빛의 관찰, 공기 대포 등에 사용된다.

→ 공기 대포, 대류, 빛

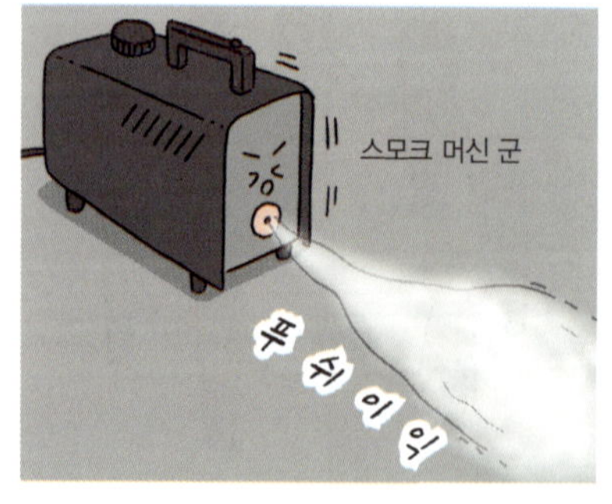

받침유리

현미경으로 관찰할 때 필요한 직사각형의 얇은 유리판. 덮개유리와 세트로 사용한다. 표면이 매끌매끌한 일반적인 타입 외에도 여러 종류가 있다. 받침유리는 오염이나 흠집이 심하지 않으면 씻어서 재사용할 수 있다.

→ 덮개유리, 프레파라트

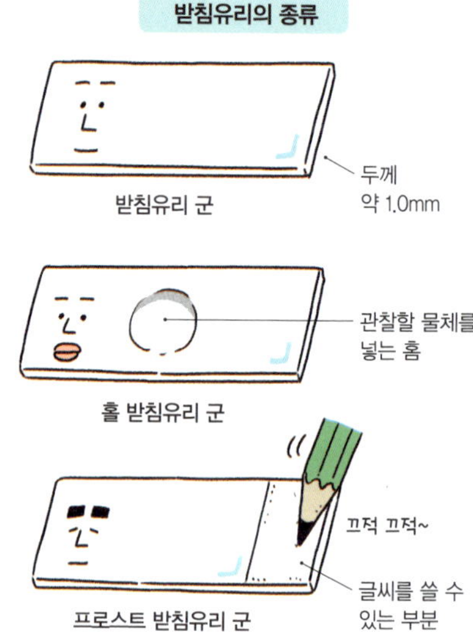

슬라이드 칠판

두 면의 판을 위아래로 움직일 수 있는 칠판. 쓴 내용을 위로 올리면 과학실 뒤쪽에서도 쉽게 볼 수 있으므로 편리하다(실험 중에는 서서 작업하는 학생이 많아 칠판 아래쪽이 잘 보이지 않을 때가 많음).

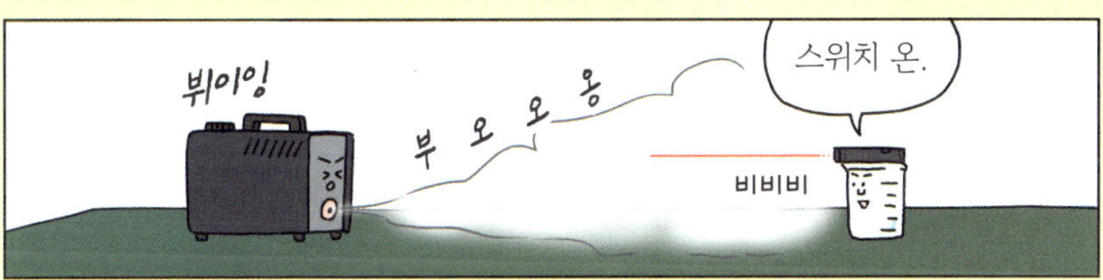

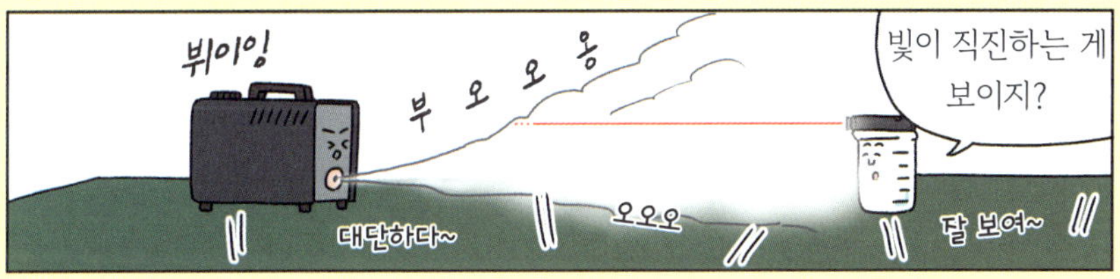

연기가 있으면 빛이 더 잘 보여…. 

회전 별자리판

별자리의 위치를 찾기 위한 기구. 바깥쪽에 있는 '날짜'와 '시간'의 눈금을 맞추고 관측할 방위에 맞춰 하늘을 바라보면 별자리를 찾을 수 있다. 반대로, 보고 싶은 별자리를 별자리판에서 찾으면 어느 시각에 볼 수 있는지 알 수 있다.

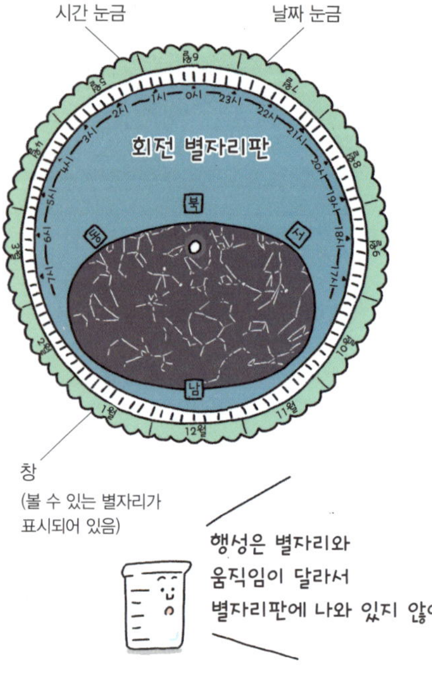

창
(볼 수 있는 별자리가
표시되어 있음)

별자리 알아보는 방법

7월 25일 22시에 남쪽 하늘을 볼 경우

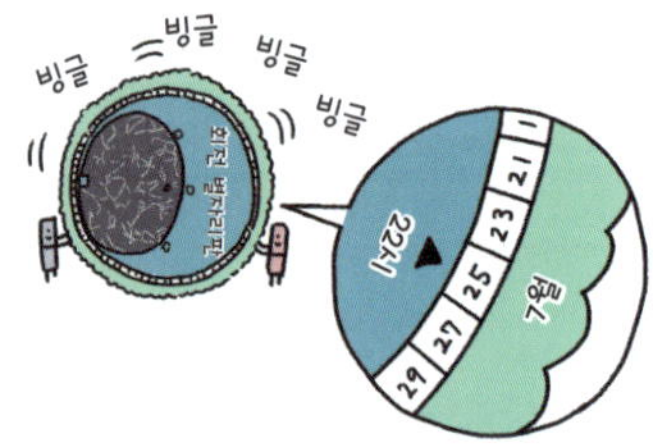

❶ 시간 눈금을 돌려 7월 25일에 맞춘다.

❷ 별자리판의 남쪽 방위를 아래로 향하게 한 뒤 위로 들어 남쪽 하늘과 비교해 본다.

정치(靜置)

기구나 장치를 그 상태 그대로 가만히 놔 두는 것. 페트병으로 지층을 만드는 실험이나 명반 결정을 만드는 실험 등 시간을 들일 필요가 있을 때 실시한다. 실험 중인 줄 모르고 건드리는 경우가 있으므로 종이에 '실험 중'이라고 써서 붙여 놓는 것이 좋다.

→ **주의 안내문**

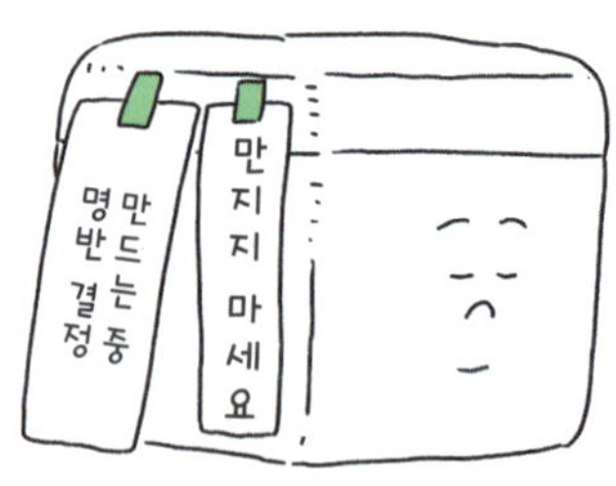

스티로폼 박스 군

정전기

한곳에 머물러 흐르지 않는 전기. 책받침과 머리카락처럼 서로 다른 물체를 마찰시키면 발생한다(마찰 대전). 테이프나 랩 등을 서로 붙였다가 떼어 낼 때도 정전기가 발생한다(박리 대전). 겨울에 문고리를 잡다가 정전기가 나는 것은 몸에 있던 정전기가 문고리에 흐르면서(방전) 일어난다.

→ 대전, 검전기, 라이덴병

서로 다른 물체를 마찰하면 정전기가 생긴다.

정전기는 통로가 생기면 바로 흐른다.

박스 테이프로 정전기 빛을 관찰하는 실험

❶ 박스 테이프를 맞붙인다.

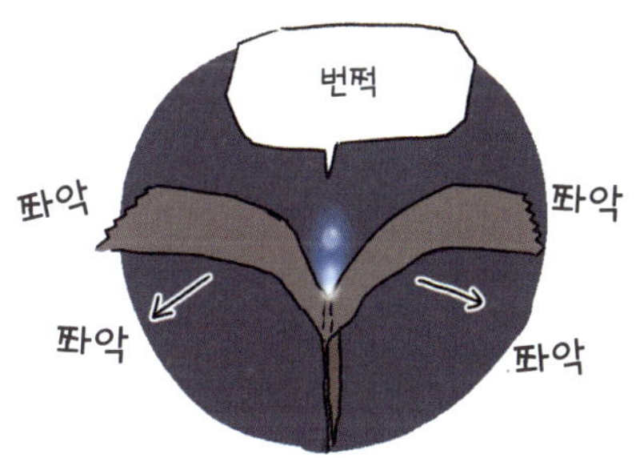

❷ 어두운 방에서 단숨에 떼어 낸다
(정전기 외 다른 원리도 작동해서 발광).

학생 작품

과학실 분위기를 한층 더 화려하게 만드는 물건 중 하나. 과학 수업이나 방학의 자유 과제, 과학 동아리 활동 등에서 제작하며, 과학실 벽이나 복도에 전시하는 경우가 많다. 실험 결과를 정리한 리포트나 스케치, 풀이나 꽃 표본, 학생이 직접 만든 과학 신문 등을 볼 수 있다.

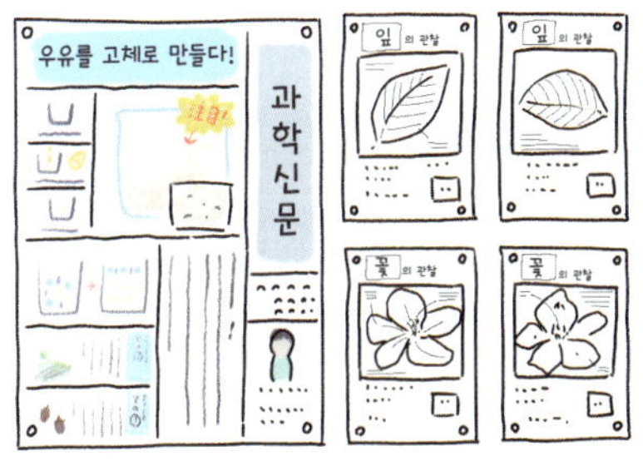

학생 작품

생물학

자연 과학의 한 분야이자 과학 교과목 중 하나. 생물(동물·식물·균류·세균 등) 자체의 구조나 원리, 생명 현상 등이 학습 대상이다. 학습 범위에는 인체도 포함되므로 우리에게 가장 친숙한 학문이라 할 수 있다.

정리정돈

과학실을 쾌적하고 효율적으로 사용하는 데 중요하다. 실험이나 관찰에서 사용한 기구는 반드시 원래 장소에 갖다 놓아야 한다. 기구나 장치가 가지런히 정리되어 있으면 파손이나 오염, 분실 등을 쉽게 알아차릴 수 있다.

→ 라벨

석회수

수산화 칼슘의 수용액. 염기성이다. 이산화 탄소와 반응하면 난용성의 성분이 만들어지면서 물이 뿌옇게 탁해진다. 이러한 성질을 이용해 식물의 호흡 작용 또는 양초 연소 후 공기와 반응시켜 이산화 탄소의 유무를 조사할 때 사용한다.

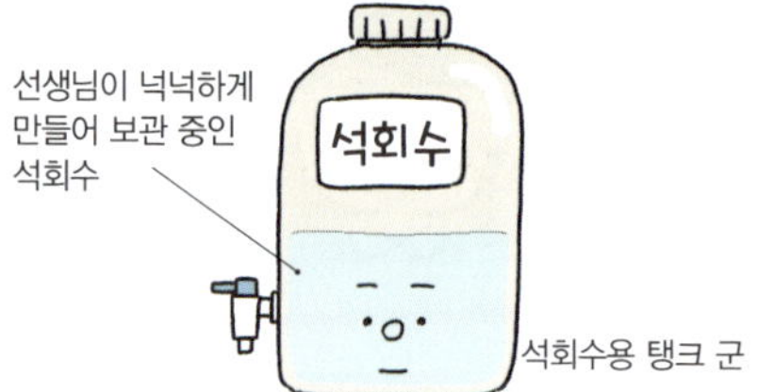

석회수가 사용되는 예

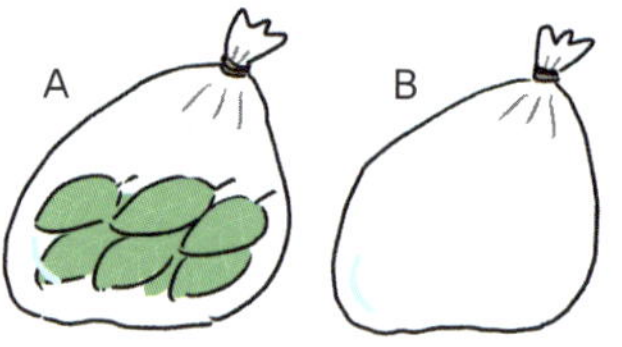

❶ 잎을 넣은 A와 아무것도 넣지 않은 B를 어두운 장소에 2~3시간 둔다.

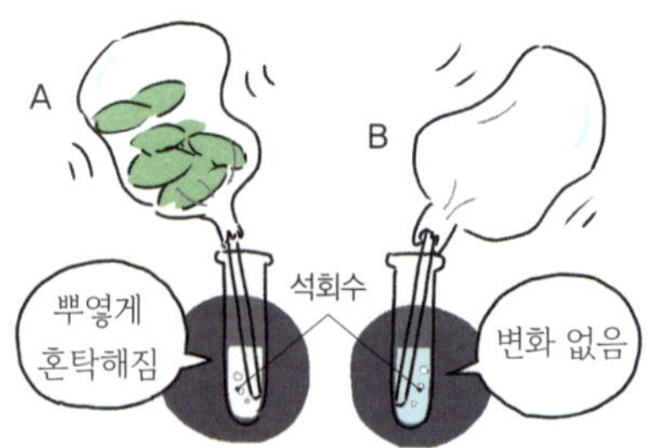

❷ 각각의 공기를 석회수에 통과시키면 A만 뿌옇게 탁해진다.

↓

잎에서 이산화 탄소가 배출된 것을 나타낸다(식물의 호흡).

대형 세척 솔

주로 비커나 플라스크를 씻을 때 사용하는 커다란 솔. 금속제의 가는 줄을 꼬아서 만든 손잡이 중간부터 털이 달려 있으며 일반적으로 맨 끝부분에 털 다발이 있다. 이러한 털 구조 때문에 옆면을 닦으면서 동시에 바닥 면의 더러운 부분도 닦을 수 있다.

소형 세척 솔

주로 시험관을 씻을 때 사용하는 작은 솔. 기본적인 구조는 대형 세척 솔과 같지만 대형 세척 솔보다 털이 더 짧다. 또한 끝에 털 다발이 없는 유형도 있다. 씻을 때 솔 잡는 위치를 잘 조절하면서 시험관 바닥이 뚫어지지 않게 조심해야 한다.

염색액

조직, 세포, 세포 내 미세한 구조 등을 조사할 때 염색에 쓰이는 용액. 현미경으로 관찰할 때 사용하면 세포의 자세한 구조를 잘 볼 수 있다. 아세트산 카민액(빨간색), 아세트산 올세인(적자색), 메틸렌 블루(청록색) 등이 있다.

→ 세포

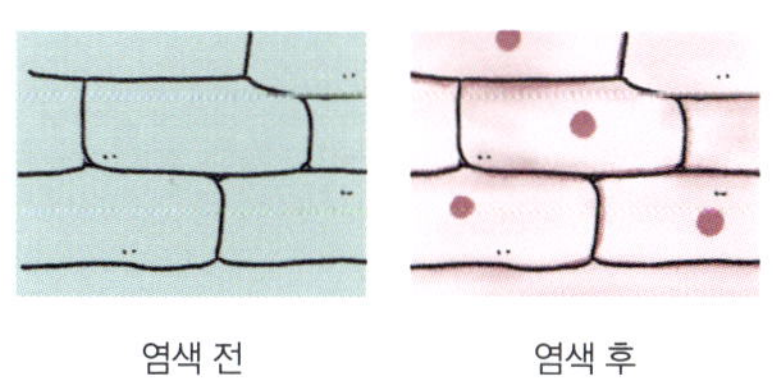

양파 세포의 염색

염색 전　　　염색 후

선생님이 직접 만든 교구

주변의 여러 가지 흔한 재료로 만든 교재나 과학 교구. 나무판과 못으로 만든 촛대, 플라스틱 컵으로 만든 물 빠짐 실험기, 페트병과 풍선으로 만든 폐 모형 등 여러 가지가 있다.

물 빠짐 실험기　　　촛대

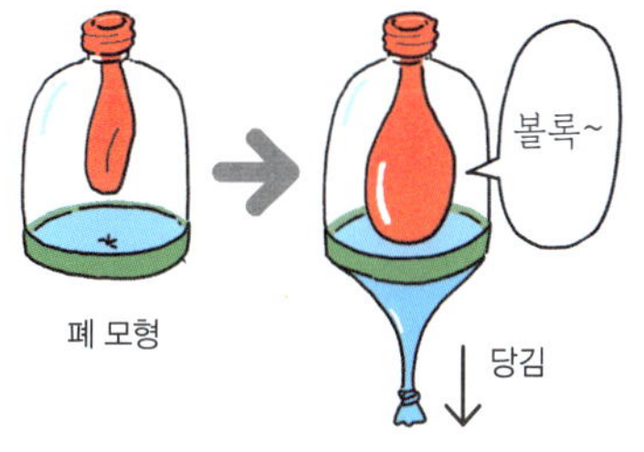

폐 모형

전반사

빛의 굴절이 일어나지 않고 빛이 모두 반사되는 것. 예를 들어 물속에서 바깥 공기 쪽으로 빛을 비출 때 밑에서 수직으로 빛을 비추면 공기 중으로 빛이 나온다. 그러나 빛의 각도를 꺾어서 수면 근처에서 비스듬히 비추면 빛이 공기 중으로 나오지 않고 전체 빛이 물 안쪽으로 반사(전반사)한다.

→ 빛의 굴절, 빛의 반사

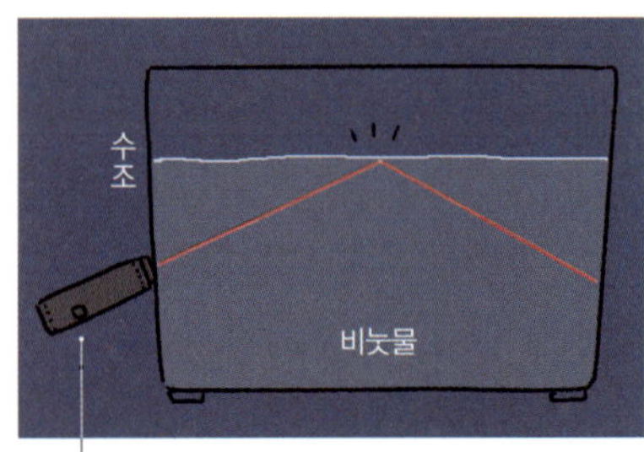

전반사 실험

씻기병

부드러운 플라스틱 재질로 된, 가느다란 노즐이 달린 병. 병 안에 증류수를 넣어 유리 기구를 세제로 씻은 후 헹굴 때 사용한다. 병을 눌러서 짜면 안에서 물줄기가 나온다.

해부 현미경

관찰하고 싶은 물체를 그 상태 그대로 바로 관찰할 수 있는 현미경. 일반적인 현미경보다 확대할 수 있는 배율은 낮지만, 프레파라트가 필요 없고 두 눈으로 입체적 관찰이 가능하다는 장점이 있다. 암석이나 광물, 꽃이나 종자, 송사리알 등의 관찰에 자주 쓰인다. 소형이라서 운반하기 편하고 비에 젖어도 괜찮아 야외 사용이 가능한 종류도 있다.

→ 광학 현미경

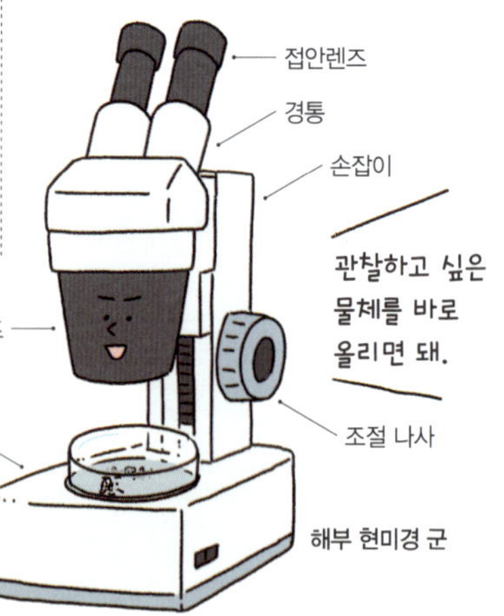

해부 현미경의 각 부위 명칭

걸레

초기 진화에 대비하기 위한 물건 중 하나.
가열 실험을 할 때 적신 상태로 실험 책상
위에 올려 둔다. 만약 실험 도중에 기구가
아닌 다른 물건에 불이 붙으면 젖은 걸레로
덮어 불을 끄고, 불이 번지지 않도록 한다.

→ 안전제일

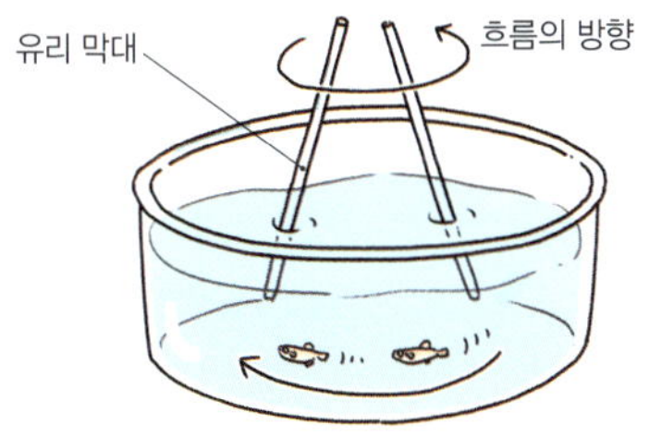

주성

생물이 외부로부터 자극받을 때 일정한 방
향으로 몸을 이동시키는 반응. 나방 같은
곤충이 빛을 향해 모여드는 것도 주성의
한 예다. 수조에 송사리를 넣고 유리 막대
로 물을 일정한 방향으로 휙휙 저으면 그
흐름에 역행하는 방향으로 송사리가 헤엄
친다. 이를 주류성이라고 한다.

→ 송사리

송사리의 주성을 알아보는 실험

송사리는 흐름과 반대 방향으로 헤엄친다.

유리종

바닥이 없는 집기병. 사물이 연소하는 모습
을 관찰할 때 양초 덮개로 자주 쓰인다. 점
토와 세트로 사용하면 공기 통로가 있을
때와 없을 때를 비교할 수 있다.

→ 굴뚝 효과, 집기병

**유리종으로 사물이
연소하는 모습을 알아보는 실험**

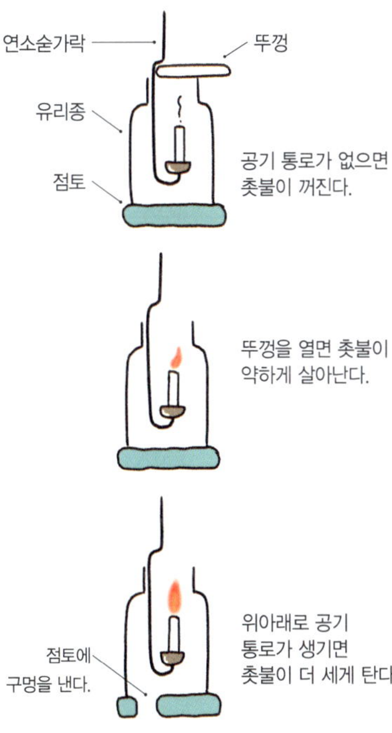

송사리의
주성은 참 신기해~
그러게~

쨍그랑
유리인가?
누가
부딪혔어?

깨졌니?!
괜찮아~~?!
뷔우우웅~
엥? 비커 군
엄청 빠르다!

…저건
…비커 군의
주성인가?
그럴 수도….

쨍그랑 소리만 나도
바로 반응해 버려….

너무너무 재밌는 해부 현미경

· 해부 현미경 → p.114

자칭 현미경 애호가이자 현미경에 관한 책까지 쓴 지가 해부 현미경 이야기를 안 히고 넘어갈 순 없죠. 본문에도 나와 있듯이 물체를 그 상태 그대로 확대해서 관찰할 수 있는 현미경이에요. 일반적인 현미경(광학 현미경)과 많이 다른… 감히 말하자면 '완전히 다른' 기구입니다(둘 다 사랑해요♥). 현미경이니까 당연히 '크게' 볼 수 있는데, 해부 현미경은 입체적으로 보여 더욱 생생하기 때문에 일반 현미경과 또 다른 감동을 줍니다.

구체적으로 말하면, 확대해서 본다는 느낌이라기보다 마치 내가 작아져 관찰 대상물에 가까이 다가가는 느낌이랄까요. 예를 들어 꽃의 내부를 관찰할 때는 마치 내가 개미가 되어 꽃 안쪽을 거니는 것 같은 기분이 들어요. 개미귀신(명주잠자리의 애벌레. 개미를 먹고 살며, 개미를 잡기 위해 모래로 함정을 만든다―옮긴이)을 관찰하는 날엔 놀라 자빠질 만큼 무섭습니다. 왜냐하면 난 개미니까요(개미귀신의 먹이는 개미). 뭐, 개미 말고 칠성무당벌레도 괜찮습니다(개미귀신은 너무 무섭게 생겼어요). 마치 『이상한 나라의 앨리스』에 나오는, 몸이 작아지는 약을 먹은 것 같은 느낌이에요(『도라에몽』에 나오는 스몰 라이트가 더 이해하기 쉬울지도 모르겠네요).

해부 현미경은 보고 싶을 때 바로 들여다볼 수 있다는 점도 정말 좋아요. 현미경 관찰용 프레파라트를 만드는 건 너무 재밌지만 쪼끔(꽤나) 귀찮거든요. 내친김에 관찰까지 해볼까 하는 호기심이 중간에 꺾이는 상황이 벌어질 수도 있잖아요. 하지만 해부 현미경은 보고 싶을 때 그냥 뙉! 재물대에 올리기만 하면 됩니다(그렇다고 실제로 뙉! 하면 안 되고 조심조심). 그러면 바로 마이크로 세계로 순간 이동합니다. 야외용으로 만들어진 해부 현미경을 이용해 야외에서 관찰 물체 가까이 다가가서 들여다보면 지금까지 봤던 것과 완전히 다른 모습을 발견할 거예요. 그 위력이 어마어마해 앙리 파브르(Henri Fabre)처럼 잔디밭에 앉아 몇 날 며칠 지낼 수 있을 것만 같습니다(그만큼 볼 것이 천지에 널려 있어요).

제 이야기를 하자면, 저는 몸길이가 몇 밀리미터밖에 안 되는 날벌레와 꽃무지들의 아름다움에 마음 깊이 감동받은 뒤 줄곧 이들을 만나기 위해 공원과 풀숲에서 뒹굴며 놀고 있습니다(누가 보면 수상한 사람으로 여길 듯). 물론 실험에서 만든 결정을 관찰하는 등 실험실에서도 해부 현미경은 활약하고 있습니다 (깨알 크기의 결정도 엄청 크게 보이죠).

― 야마무라 신이치로

대기압

지구 주위의 공기(대기)가 물체에 미치는 압력. 기압이라고도 한다. 단위는 헥토파스칼(hPa)*. 대기압은 표고**에 따라 달라지며, 기상 상황에 따라서도 변한다.

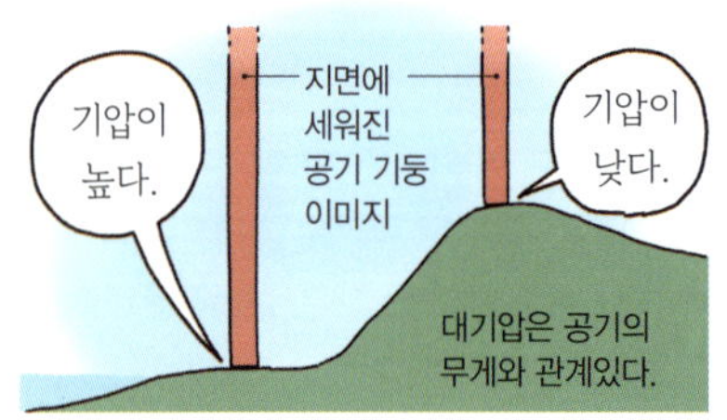

부피

넓이와 높이를 가진 물건이 차지하는 입체적 크기. 부피를 측정하는 기구로는 눈금실린더, 눈금플라스크 등이 있다. 단위로는 밀리리터(㎖)와 세제곱센티미터(㎤) 등이 사용된다.

→ 눈금실린더

퇴적

흐르는 물에 의해 운반된 모래나 진흙 등이 강의 하류나 바다 밑에 겹겹이 쌓이는 것. 알갱이가 클수록 빨리 침전하므로 바다에서는 자갈, 모래, 진흙의 순서로 퇴적된다.

→ 지층, 진흙

대전

어떤 물체가 전기를 띠는 것. 양(+)과 음(−) 두 종류의 대전이 있다. 예를 들어 머리카락을 책받침으로 문질러 정전기가 발생할 때 머리카락은 양, 책받침은 음으로 대전한다. 양 또는 음 어느 쪽으로 대전하는가는 물체의 재질과 조합에 따라 결정된다.

→ 정전기

전기의 성질

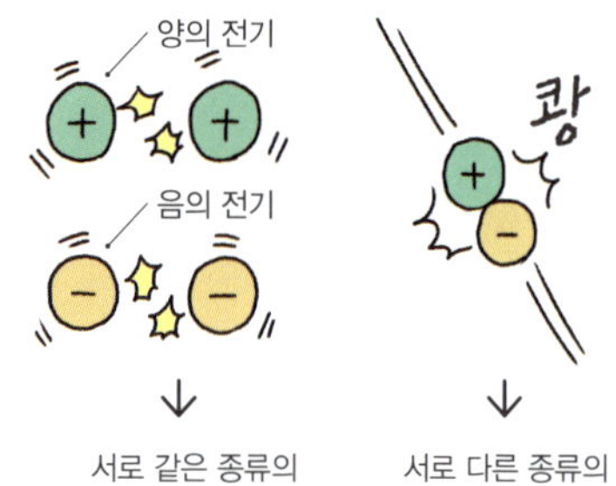

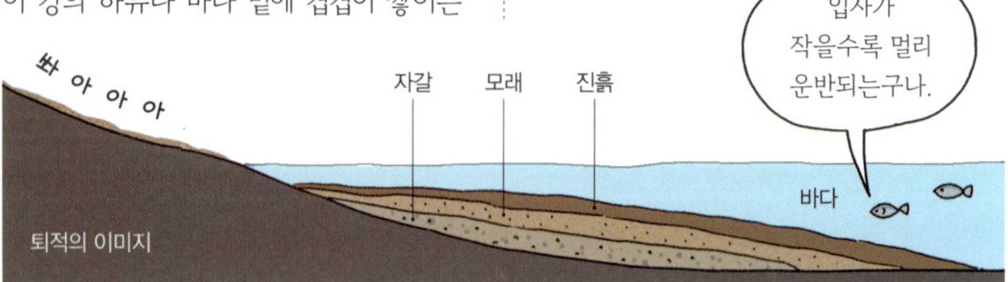

---

* 이 외에 대표적인 기압의 단위로 기압(atm)이 있다(감수자).

** 표고: 바다의 면이나 어떤 지점을 정해 수직으로 잰 일정한 지대의 높이

지시저울

무게를 측정하는 기구 중 하나. 접시에 물체를 놓으면 내장된 용수철의 변화를 정면의 바늘이 회전해 나타내는 원리다. 상한을 초과한 물체를 올리거나 힘을 지나치게 가하면 고장 나므로 주의해야 한다.

지시저울 씨

대류

열이 전달되는 방법의 하나. 액체 내부에서 부분마다 온도 차가 있을 때 액체 안에 흐름이 만들어진다. 이 흐름으로 열이 전달되는 것을 대류라고 한다. 고온 부분은 위로 올라가고 저온 부분은 아래로 이동한다. 대류는 액체뿐 아니라 기체에서도 일어난다.

→ **열 변색 잉크, 전도, 복사**

데워진 액체는 위로 올라간다.

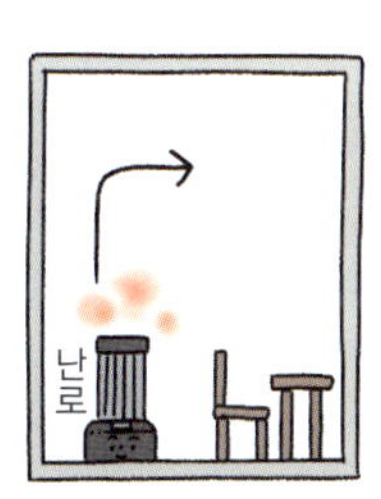

데워진 공기(기체)도 위로 올라간다.

침

입안에 분비되는 소화액. 침샘(타액선)에서 만들어지며, 타액이라고도 한다. 아밀레이스라는 성분으로 녹말을 분해하는 것이 주요 작용이다. 그 외에 음식을 삼키기 쉽게 만들고, 구강 내 세균 증식을 억제하는 등의 기능도 있다.

침에 의한 녹말 분해 실험

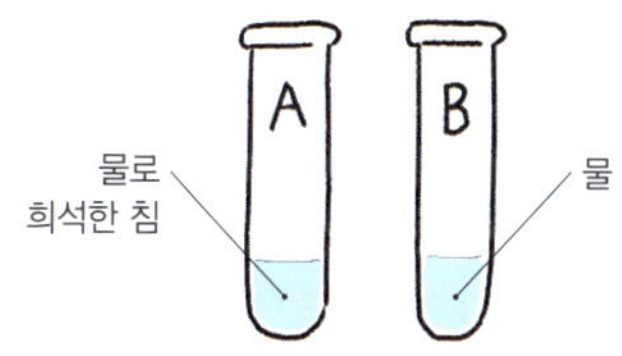

❶ 그림과 같이 A, B를 준비한다.

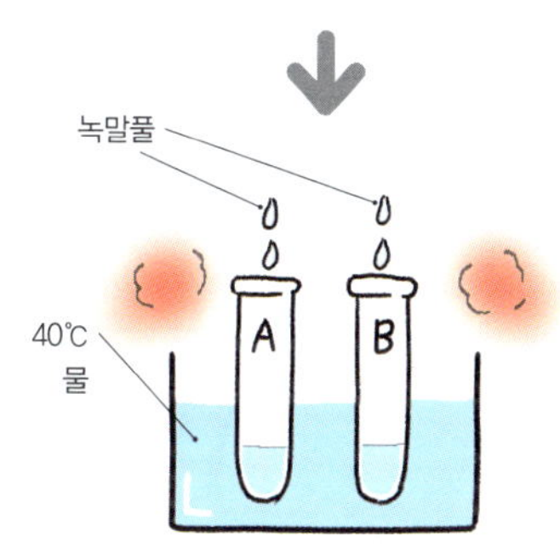

❷ A, B에 녹말풀을 넣은 뒤 40℃ 물에 담근다.

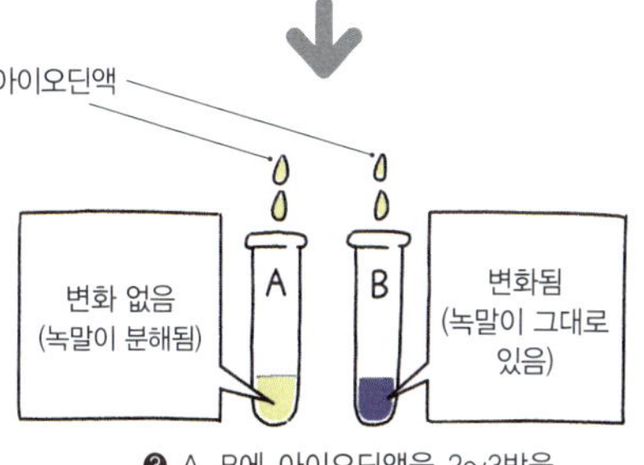

❸ A, B에 아이오딘액을 2~3방울 넣고 색 변화를 관찰한다.

탈지면

불순물이나 지방 따위를 제거하고 소독해 일정 규격의 크기로 만든 솜. 부드럽고 물을 잘 흡수하는 특징이 있으며, 의료 현장에서 주로 쓰인다. 과학실에서는 종자의 발아 실험이나 물질의 연소 실험, 시험관의 뚜껑 대용으로 활용한다.

→ 종자, 발아

물로 적신 탈지면

마른 탈지면

종자의 발아 실험

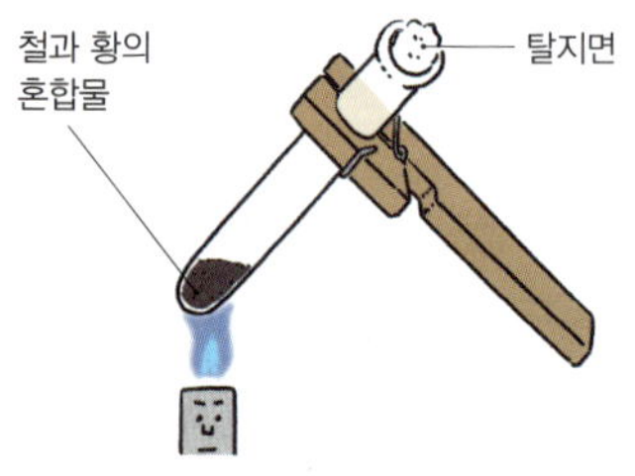

느슨한 마개로 사용
(밀폐하면 파열 등의 우려가 있을 때)

재미있는 실험

교과서에는 실리지 않은 놀이 형식의 실험. 학습적인 의미보다 그 현상 자체의 신비로움을 즐기는 것에 목적이 있다. 과학실 실험에 익숙해지기 위해서 하기도 한다.

거대 비눗방울

슬라임 만들기

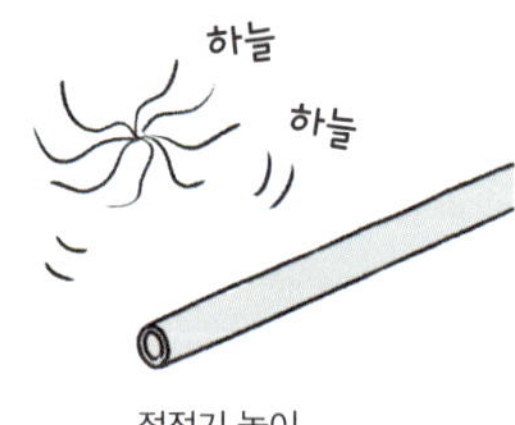

정전기 놀이

자색 양배추액과
베이킹 소다(중조)를 이용한 미니 화산 분화

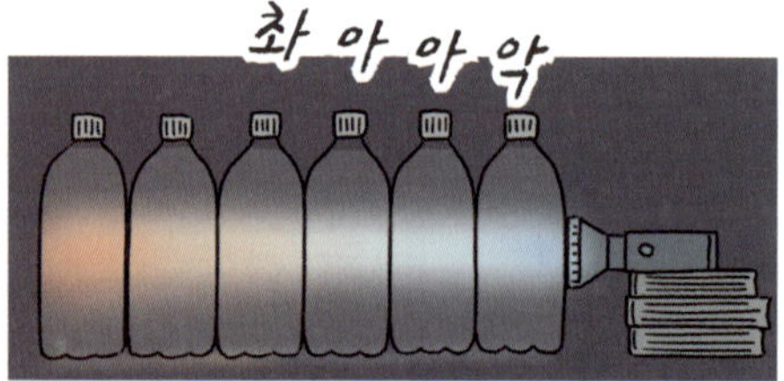

저녁노을을 재현하는 실험

쉬어 가기 | 자색 양배추액의 화산 분화 실험

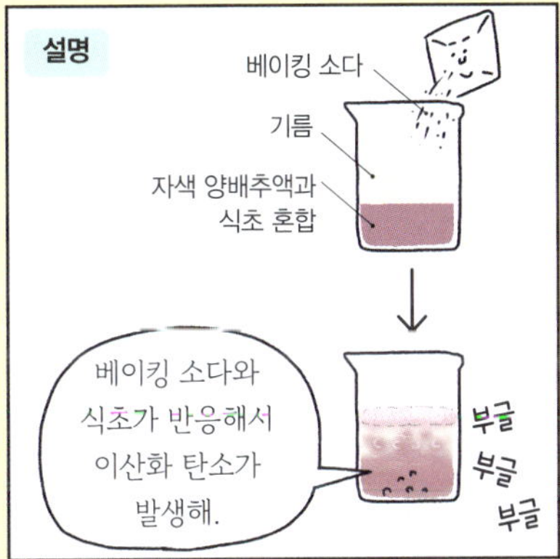

베이킹 소다를 너무 많이 넣지 말 것!

태블릿 학습

태블릿형 단말기를 활용한 학습 방법. 과

학실에서 실험하는 모습을 촬영하거나 실
험 데이터를 정리할 때 쓰인다.

→ 진화하는 기구

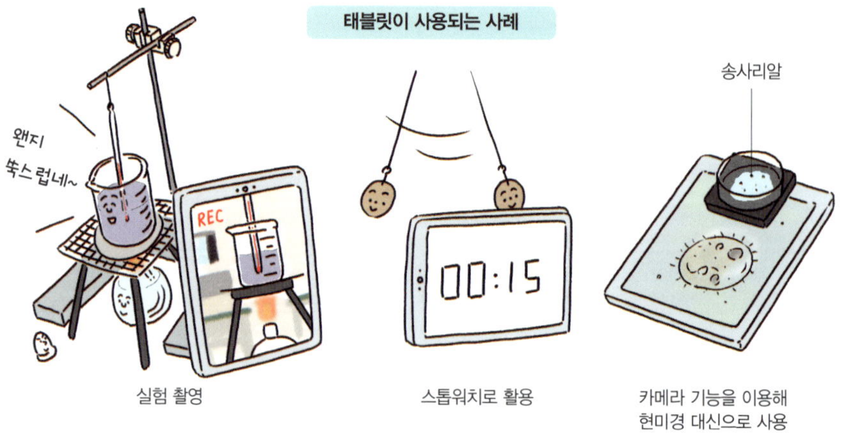

대야

물을 담기 위한 원형 용기. 과학실에 있는
대야는 투명한 플라스틱제가 많다. 물을
담아 발생시킨 기체를 모으거나 송사리의
움직임을 관찰하는 데 사용한다.

→ 기체 포집 방법, 주성

다루마 오토시

일본 전통 장난감의 한 종류. 같은 크기의

나뭇조각 몇 개를 세로로 쌓고, 맨 밑에서
부터 나무망치로 쳐서 빼낸다. 빠르게 치
면 망치로 때린 조각만 옆으로 빠져나가고
위 조각들은 수직으로 내려온다. 이 놀이
를 통해 관성의 법칙을 배울 수 있다. 실제
로 해보면 꽤 재밌다.

→ 과학 교구, 관성의 법칙

단위

수량을 수치로 나타낼 때 기초가 되는 일정한 기준. 예를 들어 길이는 미터(m)나 센티미터(㎝) 등의 단위를 사용하는데, 만약 이들이 없으면 길이를 다른 사람에게 정확히 전달하거나 기록하기 어렵다. 실험 결과를 노트에 정리할 때는 수치뿐만 아니라 단위도 함께 기록해야 한다.

→ **킬로그램 원기**

주요 단위와 단위 기호

〈길이〉

나노미터	[nm]	센티미터	[cm]
마이크로미터	[μm]	미터	[m]
밀리미터	[mm]	킬로미터	[km]

1nm $\xrightarrow{\times 1000}$ 1μm $\xrightarrow{\times 1000}$ 1mm $\xrightarrow{\times 10}$ 1cm $\xrightarrow{\times 100}$ 1m $\xrightarrow{\times 1000}$ 1km

〈질량〉

밀리그램	[mg]
그램	[g]
킬로그램	[kg]
톤	[t]

1mg $\xrightarrow{\times 1000}$ 1g $\xrightarrow{\times 1000}$ 1kg $\xrightarrow{\times 1000}$ 1t

〈힘(무게)〉

뉴턴	[N]

〈압력〉

파스칼	[Pa]
헥토파스칼	[hPa]*

1Pa $\xrightarrow{\times 100}$ 1hPa

〈밀도〉

그램/세제곱센티미터	[g/cm³]

〈전압〉

볼트	[V]

〈전류〉

암페어	[A]

〈전기 저항〉

옴	[Ω]

* 118쪽 참조(감수자).

단위

탄산수소 나트륨

백색 분말의 약품. 중조 또는 소다라고도 한다. 물에 약간 녹아 약한 염기성을 띤다. 이산화 탄소를 만드는 실험이나 달고나 만들기 등에 사용된다. 팬케이크 만들 때 필요한 베이킹파우더의 성분이기도 하다.

→ 달고나, 이산화 탄소

홀원소 물질

한 종류의 원자로 구성된 물질. 수소(H_2)나 산소(O_2)처럼 분자로 된 것과 철(Fe)이

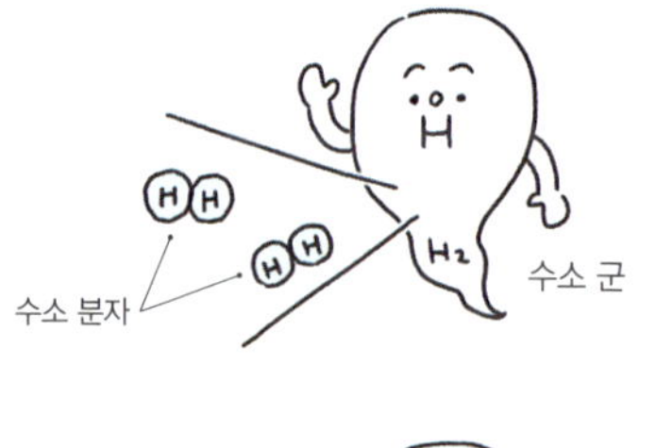

나 구리(Cu)처럼 원자가 규칙적으로 배열된 것이 있다.

→ 화합물

지구 과학

자연 과학의 한 분야이자 과학 교과목 중 하나. 지구가 만들어진 과정과 구조, 지구의 구성 물질(암석, 광물 등), 기상, 해양, 천체나 우주 등이 학습 대상이다.

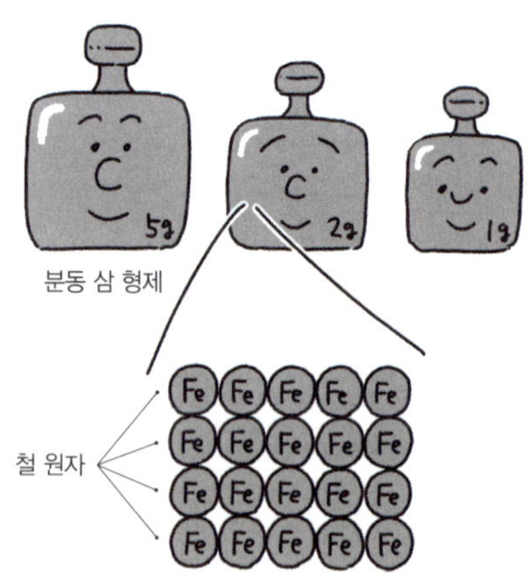

지층

물로 운반된 모래나 진흙 등이 바다나 호수의 밑바닥 등에 퇴적된 층. 대부분 오래전에 만들어진 것을 말한다. 지층은 수평으로 겹겹이 쌓이며 기본적으로는 아래층일수록 오래되고 위층일수록 새로운 것이다. 장소에 따라서는 화산 활동이나 지진 등에 의해 지층이 지표로 노출된 지역이 있다. 지층을 관찰함으로써 부근의 대지가 어떻게 만들어졌는지 추측할 수 있다.

→ **퇴적**

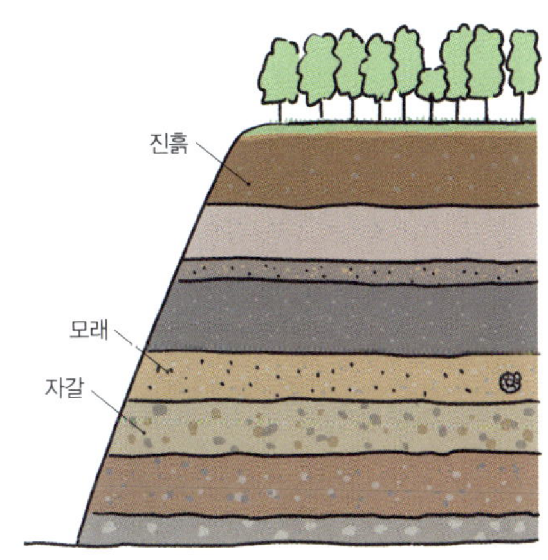

지층 모형

지층의 구조를 이해하기 위해 만들어진 모형. 일부분을 떼어 낼 수 있어 지층이 쌓인 모습과 구조, 특성을 입체적으로 볼 수 있다. 과학실에 전시물로 전시되어 있는 경우가 많다. 비슷한 모형으로, 지질 구조 모형과 화산 모형 등이 있다.

→ **전시 코너**

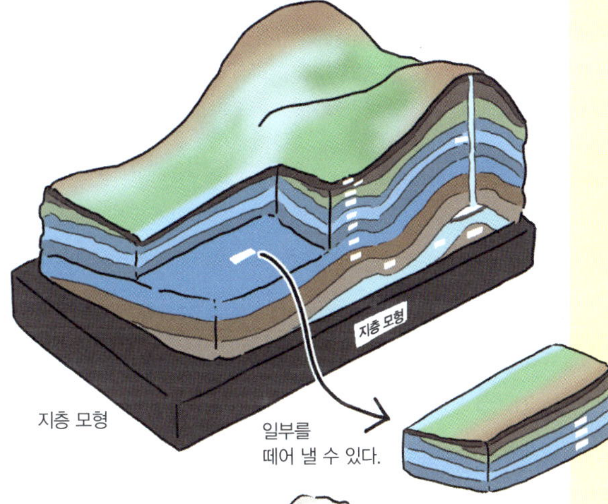

지질 구조 모형

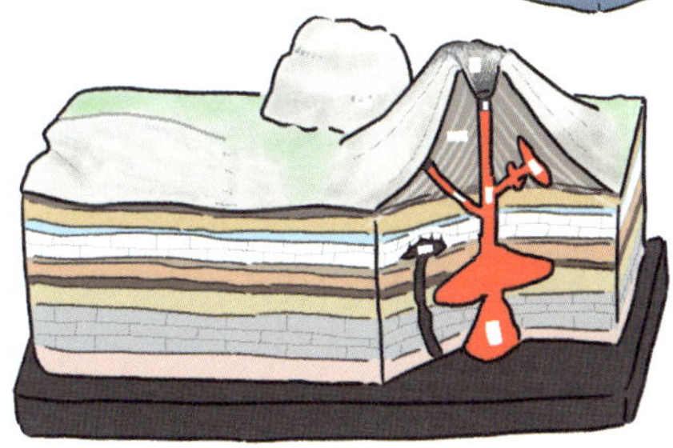

화산 모형

지층을 만드는 실험

페트병에 물과 자갈, 모래, 진흙을 넣고 흔들어 가만히 둔 뒤 지층이 어떻게 형성되는지 알아보는 실험. 시간이 지나면 큰 알갱이는 바닥에, 작은 알갱이는 위쪽에 퇴적되면서 층을 이루는 것을 볼 수 있다.

→ **정치, 퇴적, 지층, 진흙**

❶ 그림과 같이 준비한다.

❷ 자갈, 모래, 진흙을 페트병에 넣고 흔들어 섞은 뒤 가만히 둔다.

❸ 지층이 생긴다.

질소

무색무취의 기체. 공기의 약 78%를 차지한다. 질소 자체는 독성이 없지만, 질소 농도가 높으면(산소가 적어짐) 호흡을 할 수 없어 위험하다. '질식'은 질소에서 유래된 단어다.

→ **액화 질소**

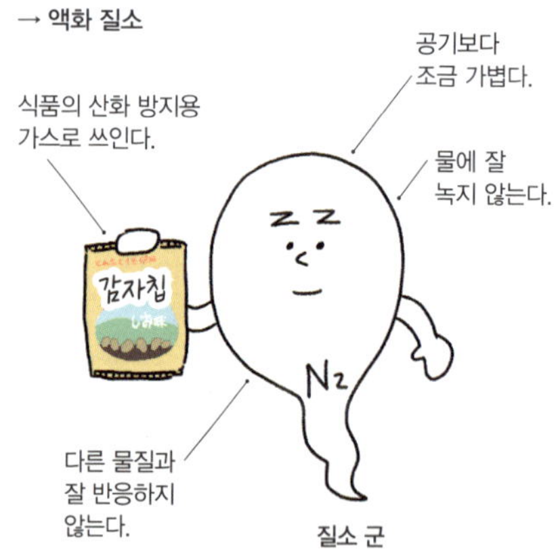

점화기

액화 가스를 연료로 쓰는 라이터. 양초나 가스버너 등의 가열 기구에 불을 붙이는 데 쓰인다. 불을 끈 직후에는 끝부분이 뜨거우므로 만지면 위험하다.

→ **성냥**

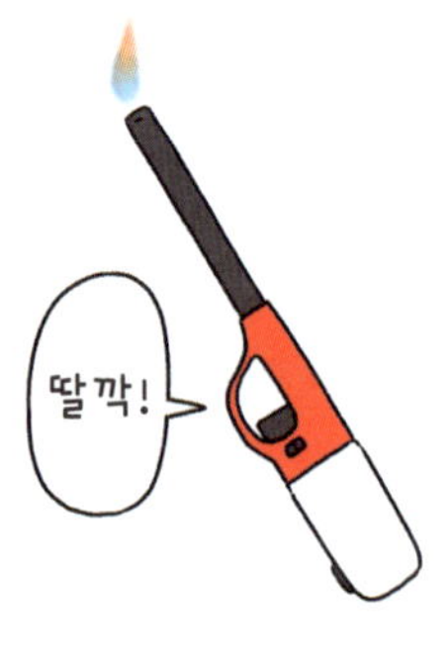

중성

수용액의 성질이 산성도 염기성도 아닌 상태. pH7을 말한다. 물, 소금물, 우유 등이 중성이다.

→ pH(피에이치)

중화

산성 수용액과 염기성 수용액이 반응해 서로의 성질을 상쇄하는 것. 중화 반응이라고도 한다. 중화 반응을 이용해 수용액의 농도를 구하는 과정을 중화 적정이라고 한다.

→ 염, pH 지시약

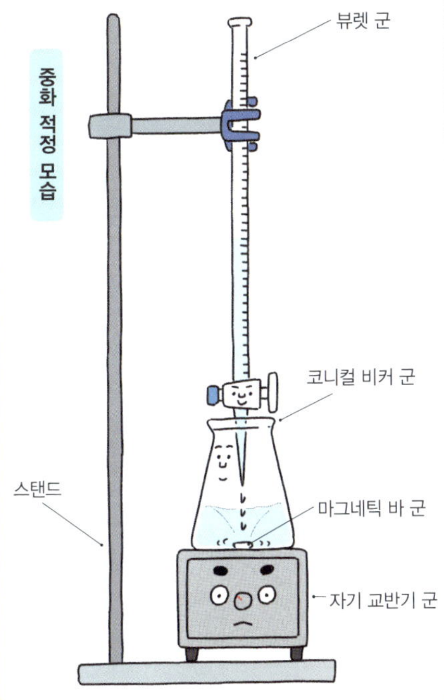

초음파

사람의 귀에는 들리지 않을 정도로 높은 소리. 소리란 본래 떨림이 물체로 전달된 것으로, 진동 횟수가 많을수록 고음이 된다. 1초간 20,000회를 넘으면 사람이 들을 수 없는 초음파가 된다.

→ 소리의 성질

일상에서 초음파 이용

초음파로 오염을 제거하는 기구 세척기

앙금

수용액에서의 화학 반응으로 용기 바닥에 만들어지는 고체 물질. 예를 들어 석회수에 숨을 불어 넣으면 하얗게 탁해지는 것은 반응에 따라 하얀 앙금(탄산 칼슘)이 만들어지기 때문이다.

→ 석회수

앙금

안 쓰이게 된 기구

과학 학습 범위 변경 등의 이유로 이제 거의 쓰이지 않게 된 기구. 폐기하지 않고 과학실이나 과학준비실 구석에 보관된 경우도 있다.

→ 수상한 서랍

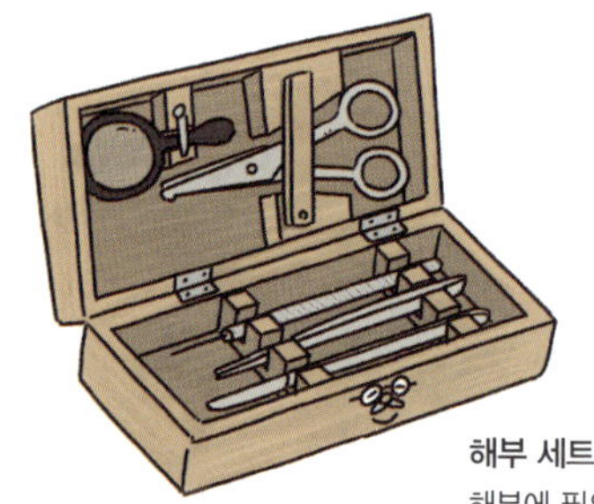

해부 세트
해부에 필요한 칼이나 핀셋 등이 들어 있다.

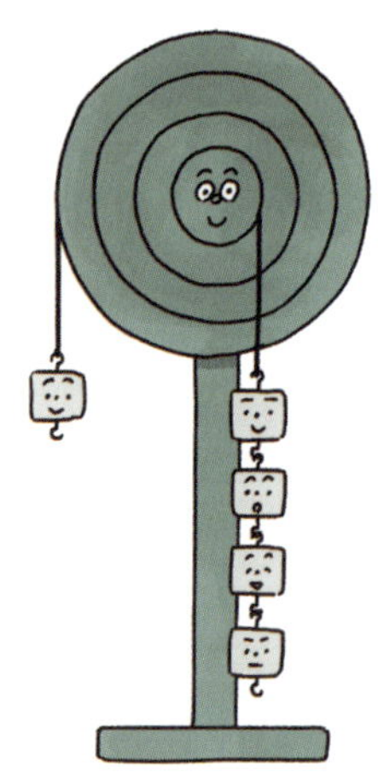

축바퀴
여러 도르래를 조합해서 만든 기구. 작은 힘으로 무거운 물건을 들어 올릴 수 있다.

배기종과 배기판
진공 펌프로 연결해서 안을 진공으로 만들 수 있다.

알코올램프
p.25 참고

식물 채집통
양철 소재로, 야외에서 채집한 식물을 운반하는 데 사용한다.

쉬어 가기 | 과학준비실 기구들의 훈련

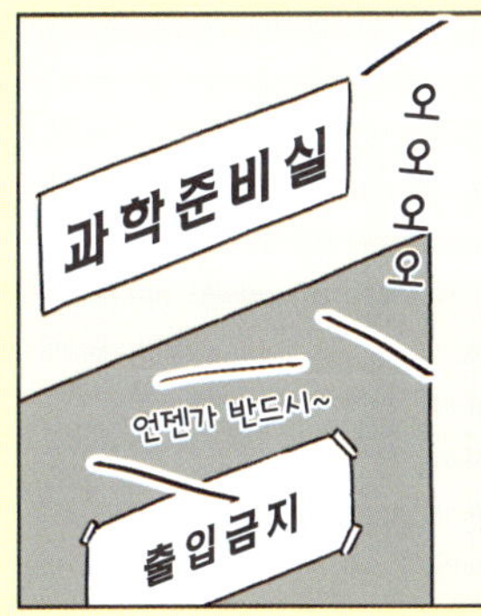

달의 위상

————

달의 모양이 매일 변화하는 모습. 달의 밝은 부분은 태양 빛이 반사된 것으로, 달은 지구 주위를 약 한 달에 걸쳐 공전한다. 이에 따라 태양과 지구, 달의 위치 관계가 변하므로 지구에서 바라보는 달의 밝은 부분도 매일 모양이 변한다.

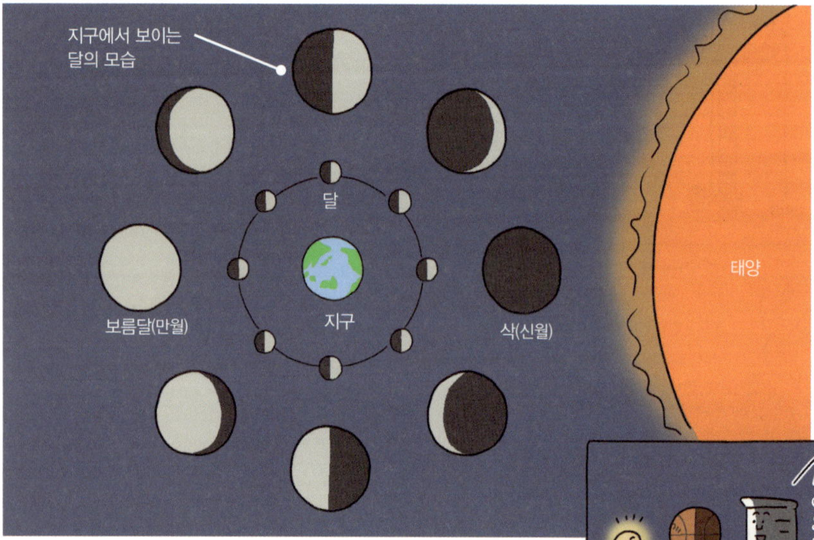

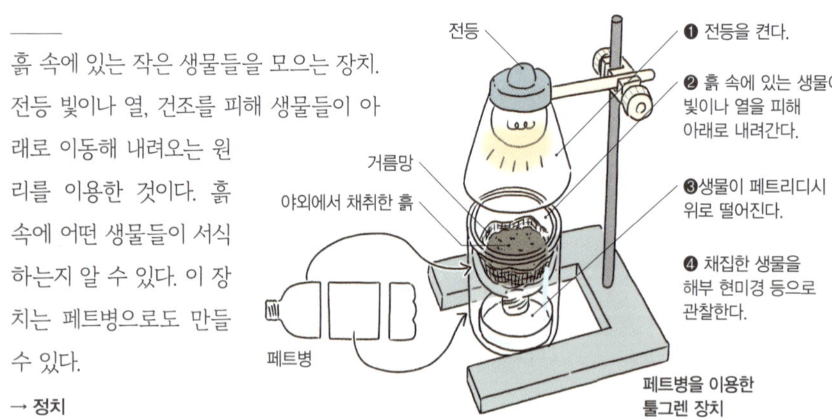

툴그렌 장치

————

흙 속에 있는 작은 생물들을 모으는 장치. 전등 빛이나 열, 건조를 피해 생물들이 아래로 이동해 내려오는 원리를 이용한 것이다. 흙 속에 어떤 생물들이 서식하는지 알 수 있다. 이 장치는 페트병으로도 만들 수 있다.

→ 정치

저항

전류가 잘 흐르지 않는 정도. 전기 저항이
라고도 한다. 단위는 옴(Ω). 전열선 등의
저항이 있는 전자 부품을 저항기라 부르
기도 한다.

→ **옴의 법칙**, **전압**, **전류**

지렛대

작은 힘으로 큰 힘을 얻을 수 있는 도구의
한 종류. 어느 한 점을 중심으로 회전할 수
있게 되어 있다. 받침점, 힘점, 작용점으로
구성된다. 못뽑이나 가위, 병따개처럼 지렛
대를 이용한 도구가 많다.

양팔저울

지렛대 원리를 알아보는 실험기구. 스탠드
와 막대기, 추를 이용해서 받침점으로부
터 길이와 추 무게의 관계를 살펴볼 수 있
다. 1m 이상 막대를 이용한 양팔저울의 경
우 직접 손으로 지렛대의 원리를 체험할 수
있다.

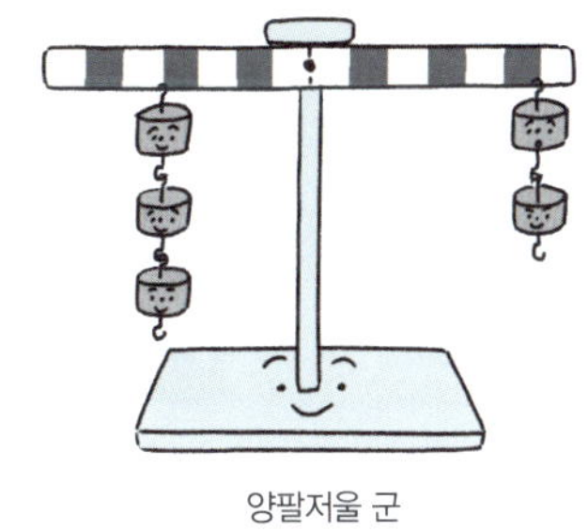

양팔저울 군

지렛대를 이용한 물건의 예

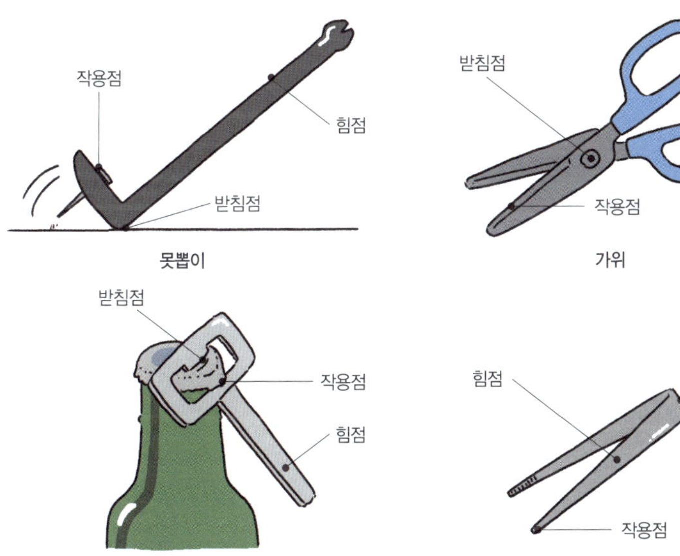

데시케이터

습기에 약한 약품을 보관하는 기구. 대학교 화학 연구실에는 반드시 있으며, 초·중학교 과학준비실에 마련된 경우도 있다. 옛날에는 주로 두꺼운 유리제가 많았는데, 최근에는 플라스틱제나 박스 형태를 많이 사용한다.

→ 실리카 겔

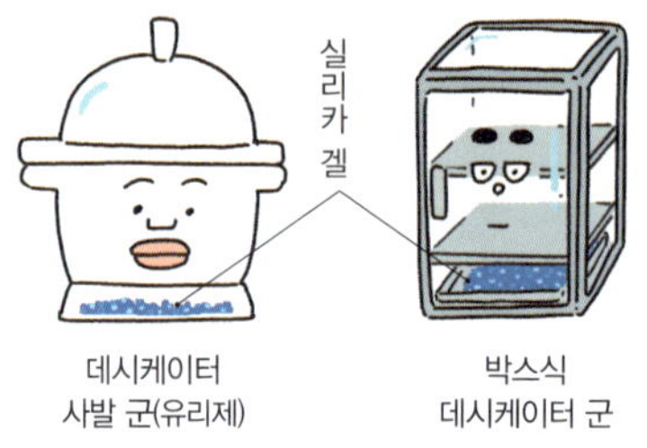

손 발전기

손으로 손잡이를 돌려서 발전시킬 수 있는 기구. 손잡이에서 안의 모터로 회전이 전달되면서 전기 에너지가 만들어진다. 꼬마전구에 연결해 회전 속도와 밝기의 관계를 알아보는 실험 등에 쓰인다.

→ 발전

테르밋 반응

알루미늄 분말을 이용해 산화 철을 순수한 철로 바꾸는 반응. 격렬한 불꽃과 열을 만들며, 온도가 3,000℃ 이상으로 올라간다. 이 반응으로 고온의 철이 만들어지고, 이것이 냉각되면서 철 구슬이 만들어진다. 매우 위험하므로 반드시 선생님의 지도에 따라 조심스럽게 실험해야 한다.

전압

전기장이나 도체 안에 있는 두 점 사이의 전기적인 위치 에너지 차. 단위는 볼트(V). 전지나 발전기에 이 성질이 있다.

→ 옴의 법칙, 저항, 전류

전압계

전기 회로에 연결해서 전압의 크기를 측정하는 기구. 사용할 때 주의 사항으로는 측정하려는 부분과 병렬로 연결하고, 가장 큰 값의 (−)단자에 먼저 연결해야 한다. 옛날 전압계나 전류계는 큰 것이 많았는데, 최근에는 작게 접어 수납하기 간편한 유형도 있다.

→ **전류계**

전압계 군

예전 유형

접이식 유형

전기 분해 장치

전기 분해를 시행하는 장치. 전해라고도 한다. 전기 분해란 전기를 흘려서 물질을 분해하는 것을 말한다. 예전에는 물의 전기 분해 장치로 H식 유리제를 많이 썼으나, 요즘 초·중학교에서는 플라스틱제를 주로 사용한다.

전자

음(−)의 전기를 띤 매우 작은 입자로, 원자를 구성하는 것 중 하나. 금속 안에는 자유롭게 이동할 수 있는 전자가 존재한다. 전기 회로의 스위치를 켜면 구리선 안의 전자가 이동한다. 이 전자의 이동이 전류다. 단, 전류의 방향은 전자의 이동과 반대다.

→ **음극선, 크룩스관, 원자**

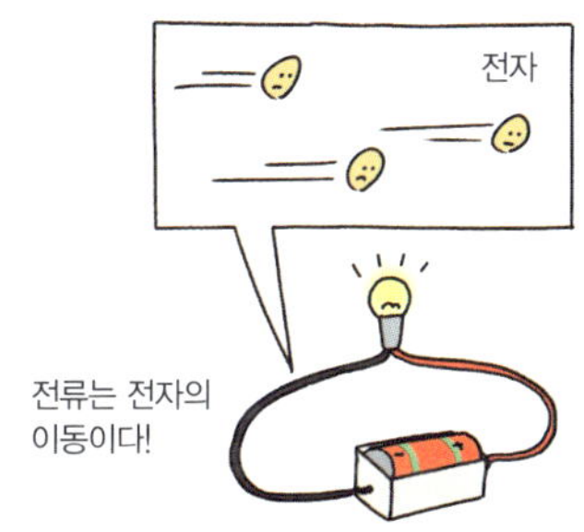

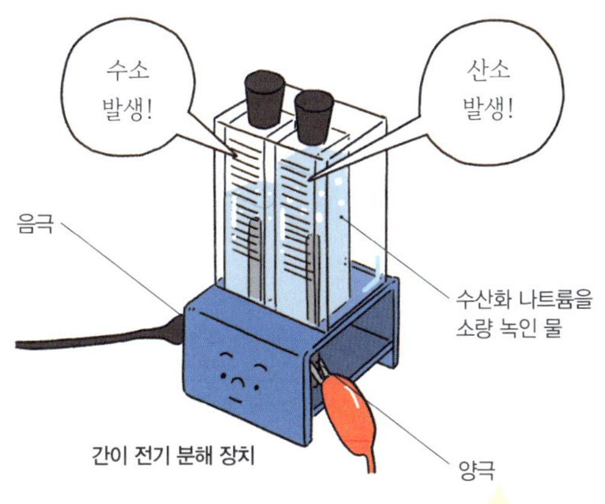

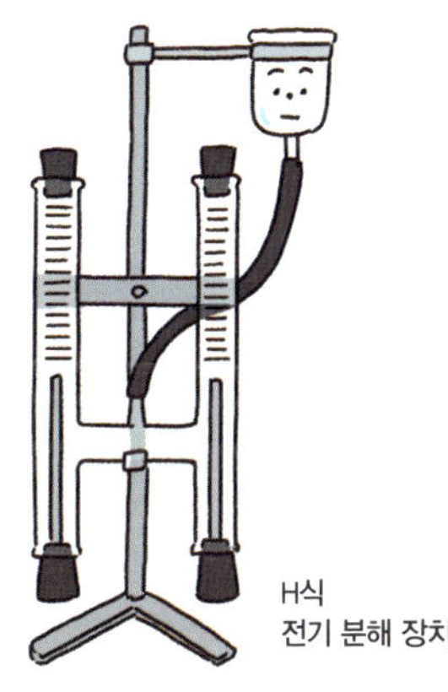

전시 코너

과학과 관련된 것을 전시하는 장소. 과학실 뒤편이나 복도의 진열장 등이 종종 사용된다. 표본이나 지층 모형, 인체 모형, 옛날 실험기구 등 다양한 것이 전시되어 있다. 학교에 따라 과학 교구 등을 직접 만져 볼 수 있게 해놓은 곳도 있다.

전자석

코일에 철봉(철심)을 넣은 것. 전류가 흐를 때만 자석이 되는 성질이 있다. 코일을 감는 횟수나 전류 크기에 따라 전자석의 자기력이 변한다.

→ **코일**

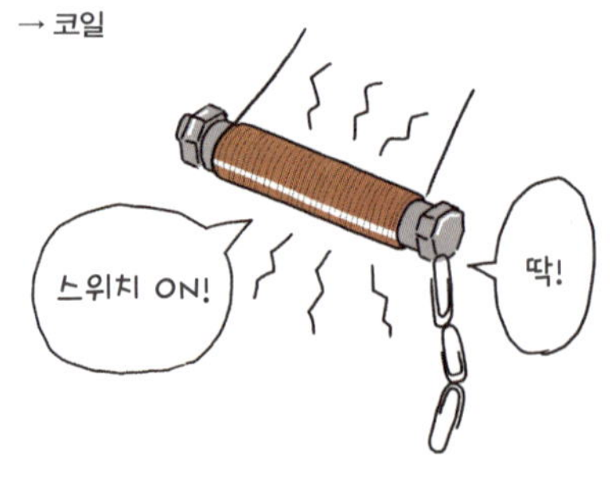

전자저울

물체를 위에 올리면 질량을 측정할 수 있는 기구. 정밀 제작되어 가장 단순한 것도 몇만~몇십만 원씩 한다. 대학교나 연구소에 있는 매우 정교한 분석용 전자저울은 200만 원이 넘는 것도 있다.

→ **값이 비싼 기구**

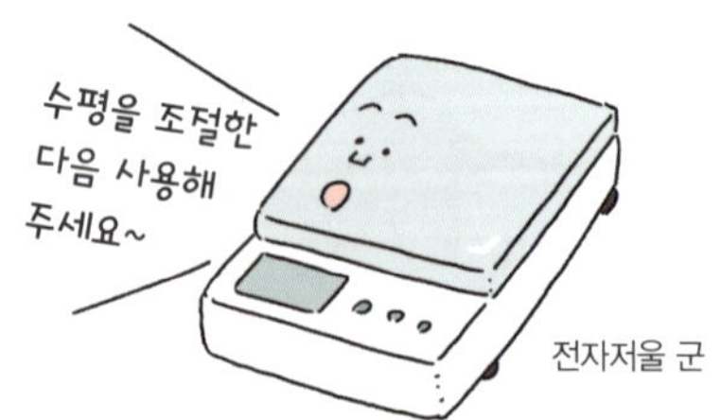

쉬어 가기 | 라디오미터 군의 아침

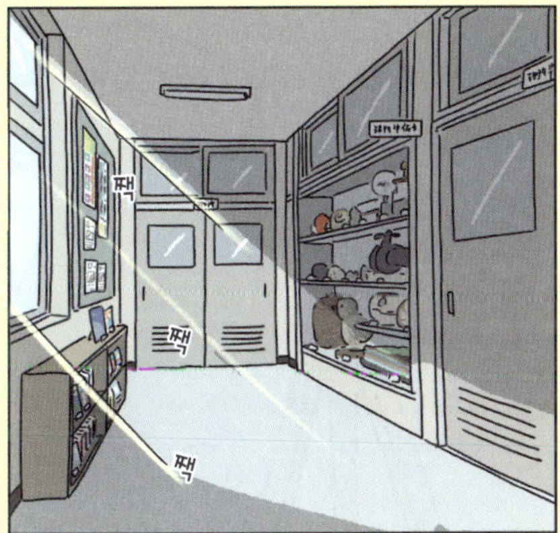

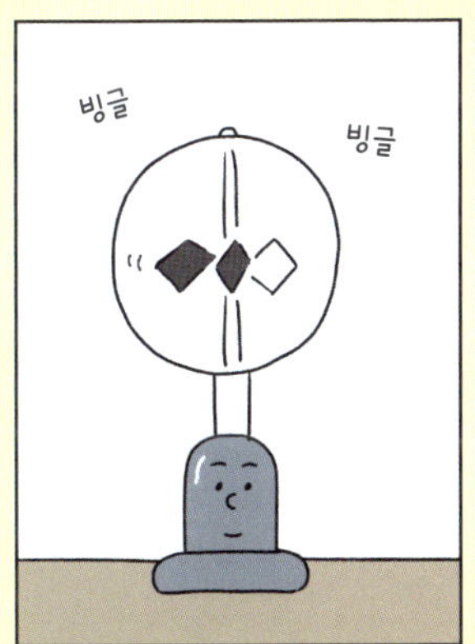

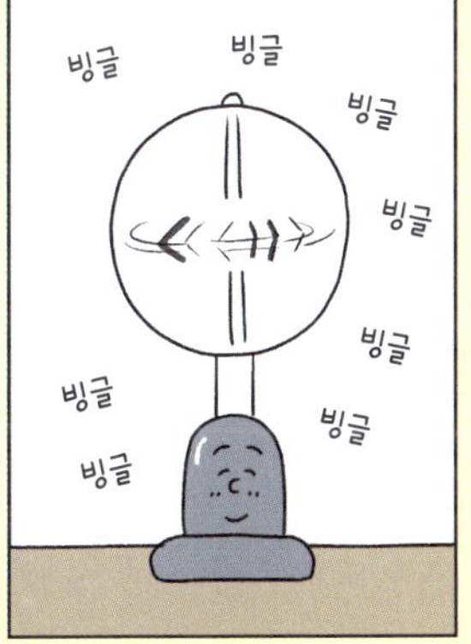

* p.187 참고.

천체 망원경

달이나 행성, 항성이나 성운 등의 천체를 관찰하기 위한 기구. 과학실에 비치된 학교가 간혹 있다. 혹은 가대(망원경을 올려놓는 대)만 과학준비실 구석에 조용히 놓여 있는 경우도 있다.

→ **값이 비싼 기구**

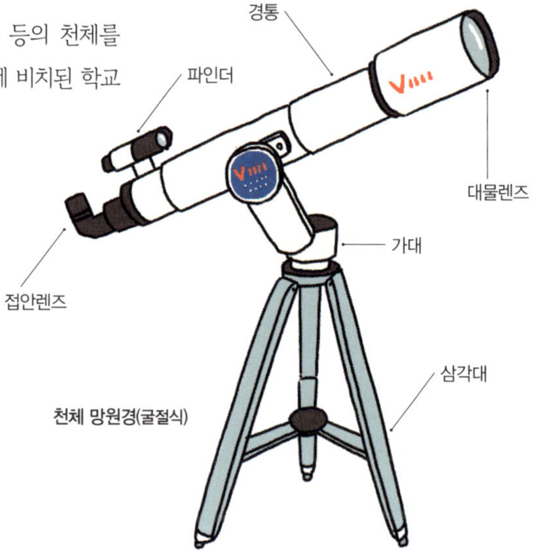

천체 망원경(굴절식)

전도(열전도)

열의 전달 방식 중 하나. 물체 일부분이 가열될 때 먼 부분까지 열이 전달되는 것을 말한다. 열이 전달되는 정도를 열전도율이라고 한다. 은이나 구리는 열전도율이 매우 크다.

→ **대류, 열전도 비교 장치, 복사**

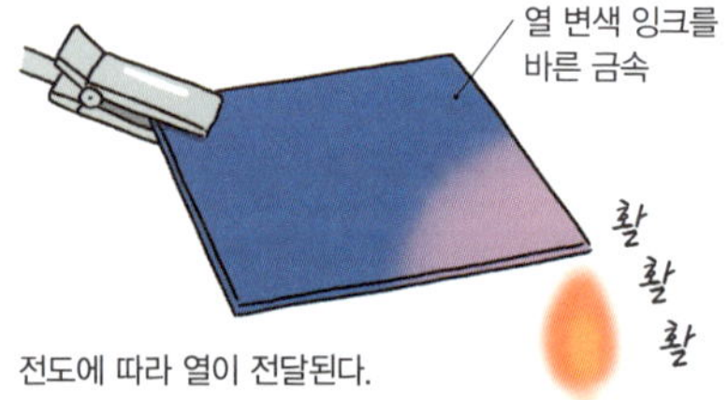

전도에 따라 열이 전달된다.

녹말

포도당(글루코스)이 여럿 연결된 물질. 식물이 광합성으로 만들어 내는 영양소이며, 쌀이나 빵(밀), 감자, 고구마, 옥수수 등에 많이 들어 있다. 아이오딘액을 이용해서 녹말이 들어 있는지 알아볼 수 있다.

→ **침, 아이오딘액, 아이오딘 녹말 반응**

전류

전기의 흐름. 단위는 암페어(A)를 사용한다. 양극에서 나와 음극으로 들어가는 방향으로 흐른다.

→ **저항, 전압**

전류계

———

전기 회로에 연결해서 전류의 크기를 측정하는 기구. 사용할 때는 측정하려는 부분에 직렬로 연결하고, 먼저 가장 큰 값의 (-) 단자에 연결해야 한다.

→ 전압계

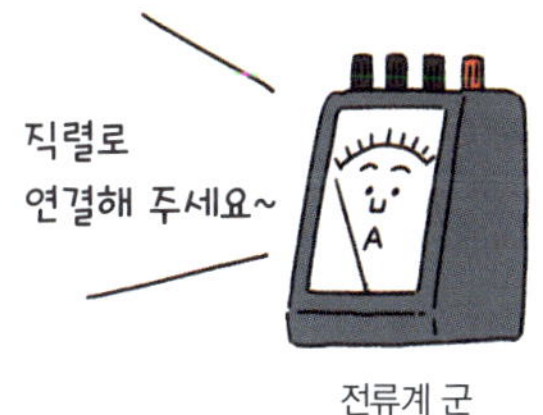

전류계 군

투명 반구

———

얇고 투명한 플라스틱제 반구. 주로 태양의 움직임을 관찰하고 기록하는 데 쓰인다. 계

절마다 태양의 움직임을 기록하면 태양이 움직이는 길의 변화를 알 수 있다.

톨 비커

———

키가 큰 비커. 뜨거운 물에 넣고 가열하기 편리하고 안의 액체가 끓어도 바깥으로 잘 튀지 않는 장점이 있다. 키가 큰 만큼 쓰러지기 쉬우므로 주의해야 한다.

→ 비커

톨 비커 군

태양의 움직임을 기록하는 방법

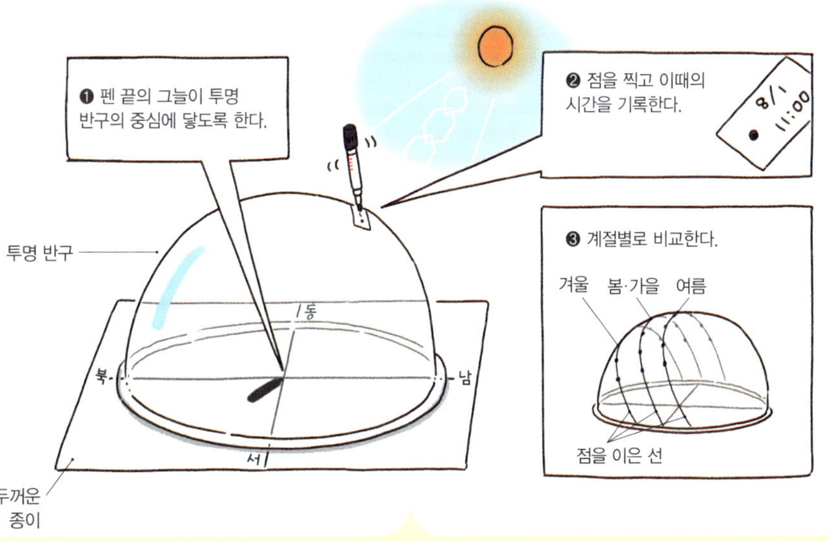

시계 접시

얇은 유리제로 된, 얕은 원형 접시. 정해진 용도는 따로 없다. 약포지 대신 고체 시약을 담거나 비커 뚜껑으로 사용하는 등 다양한 용도로 쓰인다.

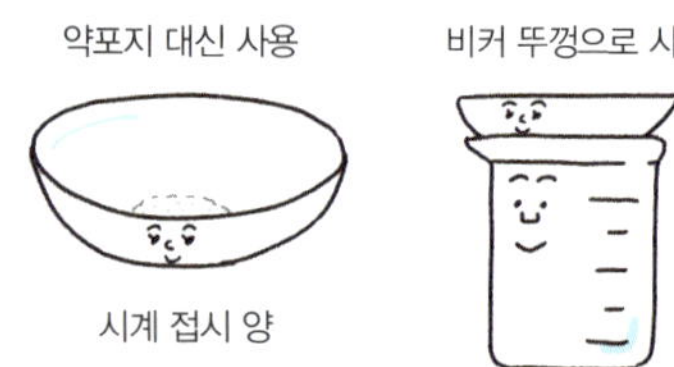

약포지 대신 사용   비커 뚜껑으로 사용

시계 접시 양

돌비 현상

액체가 갑자기 끓는 현상. 액체를 천천히 가열하면 과열 상태에 이르는 경우가 있다. 이 상태에서 진동이 가해지면 갑자기 끓으면서 큰 기포가 발생한다. 이때 고온의 액체가 바깥으로 튀어나오면 매우 위험할 수 있다. 액체를 가열하는 실험에서는 돌비 현상이 일어나지 않도록 끓임쪽(비등석)을 꼭 넣어야 한다.

→ **과열, 가열, 끓임쪽(비등석)**

드라이아이스

순도가 높은 이산화 탄소를 압축·냉각해서 만든 흰색 고체. −79℃ 상태다. 고체에서 직접 기체가 되는 성질이 있다. 냉각제로 활용되며 드라이아이스 자체를 실험 재료로 사용하기도 한다. 취급 시 주의가 필요하므로 선생님의 지시에 따라야 한다.

→ **맨손으로 만지면 안 되는 것들**

드라이아이스의 간단한 실험 예

드라이아이스 하키
기체가 된 부분이 상판과의 마찰을 줄이므로 잘 미끄러진다.

비닐봉지에 넣기
드라이아이스는 기체가 되면 부피가 약 750배로 팽창한다.

빠지지 않아…

과학실에서 일어나는 비극 중 하나. 플라스크에 계속 끼워 놓은 마개나 고무마개에 끼워 놓은 유리관 등에서 잘 일어난다. 유리 재질 기구는 빼다가 자칫 깨져 다칠 위험이 있으므로 선생님께 부탁하는 것이 좋다.

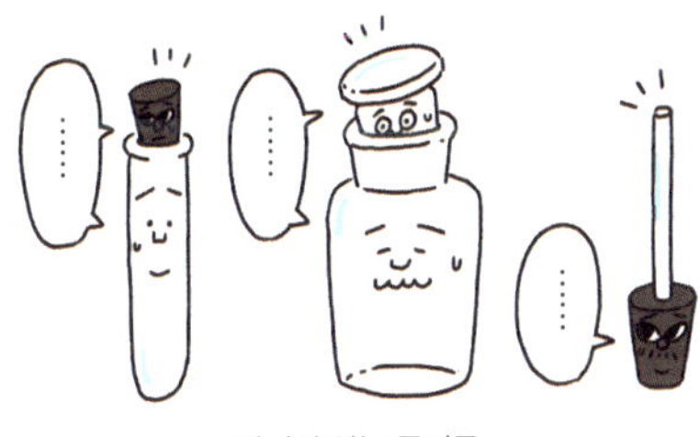

빠지지 않는 물건들

도토리

상수리나무나 졸참나무 등 참나뭇과 식물의 나무 열매. 식물의 종류에 따라 도토리 모양과 받침의 생김새가 다르므로, 야외에서 수집한 도토리를 비교해 보는 것도 재미있다.

진흙

암석이 잘게 부서진 알갱이 중에서 지름이 0.0625mm보다 작은 것. 일상에서는 물이 섞여 부드러워진 흙을 진흙이라고 하지만, 과학에서는 물이 있는지와 상관없다.

→ **퇴적, 지층을 만드는 실험**

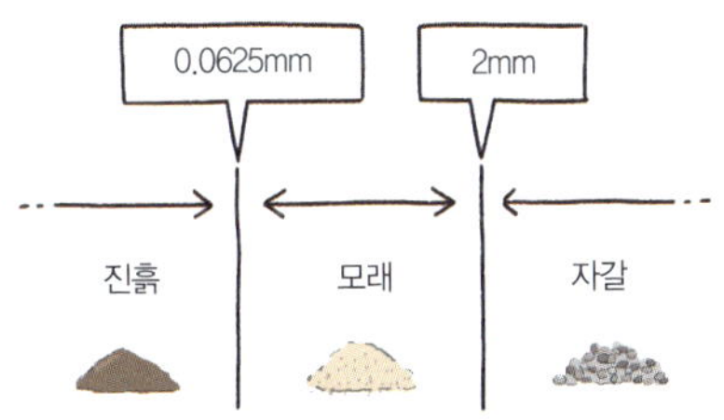

알갱이 크기에 따라 이름이 달라진다.

도토리와 잎의 모양

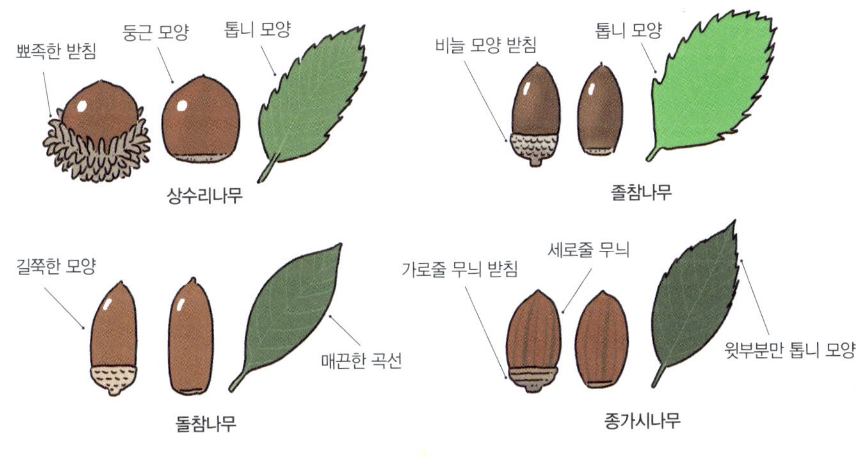

싱크대의 봉수 캡

실험대 싱크대의 배수구에 덮여 있는 둥근 뚜껑. 싱크대와 같은 도기 재질인 경우가 많다. 배수관 내부에서 냄새나 벌레가 올라오는 것을 방지하고 연필이나 세척 브러시가 배수구에 빠지지 않게 막는 역할을 한다.

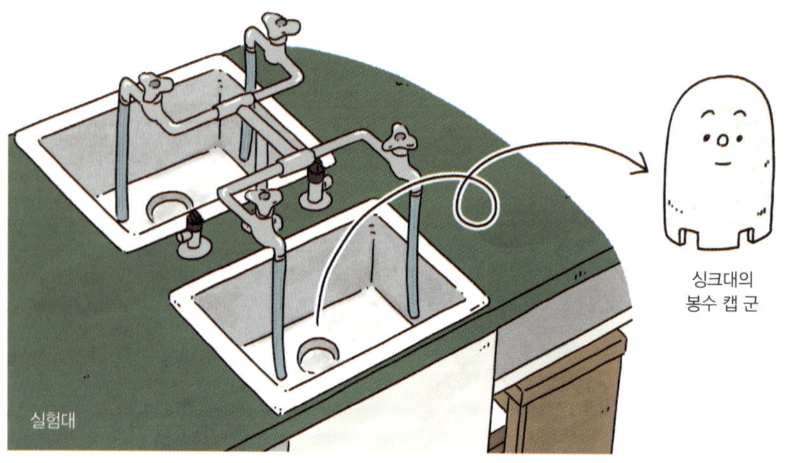

싱크대의
봉수 캡 군

왜?

과학에서 매우 중요하게 여겨야 할 생각. 과학 실험에서 예상과 다른 일이 일어나더라도 그냥 '아, 실패했네' 하며 끝내는 것이 아니라 '왜 이런 결과가 나왔을까?' 생각해 보자. 주변에 있는 사물에 대해서도 '왜?'라는 질문을 던져 보는 것은 매우 중요하다. 거기서 대발견을 향한 첫걸음이 시작될지도 모른다.

수상한 서랍

과학실 창가나 과학준비실에 있는 진열장 중 아무도 열지 않는 서랍. 망가진 실험기구나 이제 쓰지 않는 오래된 기구가 들어 있는 경우가 많다. 그리고 "여기에 스틸 울 새것이 있었네!", "시험관이 엄청 많네!" 하며 예기치 않게 '득템'할 수도 있다.

→ **안 쓰이게 된 기구**

쉬어 가기 | 희귀 캐릭터?

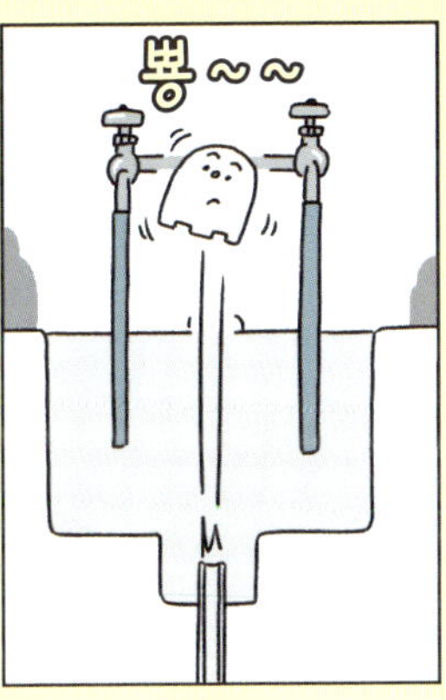

가끔 아는 척 좀 해줘!

냄새 맡는 방법

수용액이나 시약의 냄새를 확인할 때는 얼굴을 가까이 대지 말고 손으로 부채질해서 맡도록 한다. 만일 유독 가스가 발생하는 상태에서 코를 가까이 대고 직접 흡입하면 가스를 다량 흡입할 수 있으므로 매우 위험하다.

이산화 탄소

무색무취의 기체. 탄산 가스라고도 한다. 공기보다 무겁고 물에 조금 녹는다. 석회수와 반응해 뿌옇게 탁해지는 성질이 있다. 탄산수소 나트륨의 가열이나 석회수에 묽은 염산을 가하는 반응으로 발생한다.

→ **석회수, 드라이아이스**

이산화 망가니즈

검은색을 띤 입자상 약품. 건전지 재료나 도자기 착색제 등으로 쓰인다. 과학실에서는 주로 산소를 만드는 실험에서 촉매로 사용한다.

→ **산소, 촉매**

햇빛

태양이 발하는 빛. 기온 유지와 식물의 광합성, 인체의 생체 시계 조절 등에 꼭 필요하다. 빛의 성질을 학습하는 실험에서도 쓰인다.

→ **차광 커튼, 투명 반구**

일식

지구, 달, 태양이 일직선으로 있을 때 태양이 달에 가려지는 현상. 일식을 관찰할 때는 반드시 일식 안경 등의 전용 도구를 사용해야 한다. 그러지 않으면 눈을 다치거나 심하면 실명할 수 있다.

→ 일식 안경

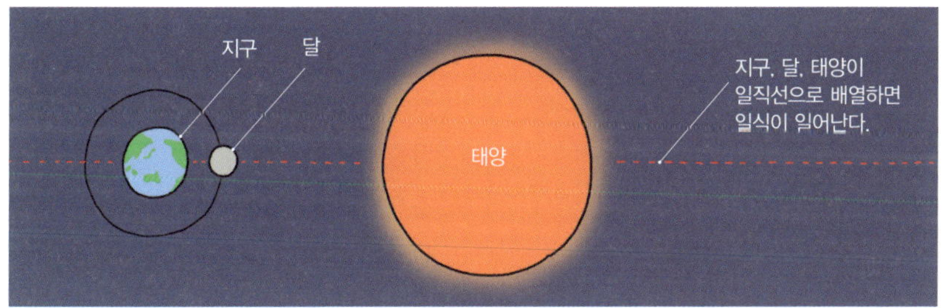

일식의 종류

개기 일식

금환 일식

부분 일식

마른 멸치 해부

마른 멸치를 이용해서 비교적 쉽게 할 수 있는 해부. 동물의 몸 구조를 학습하기 위해 실시한다. 기본적으로 손으로 할 수 있고, 군데군데 이쑤시개로 장기를 분해해서 돋보기로 관찰한다. 예전에는 살아 있는 개구리나 붕어로 해부했으나, 최근 생물체를 해부하는 것에 대한 반대 의견이 늘어남에 따라 초·중학교 수업 시간에 거의 하지 않는다.*

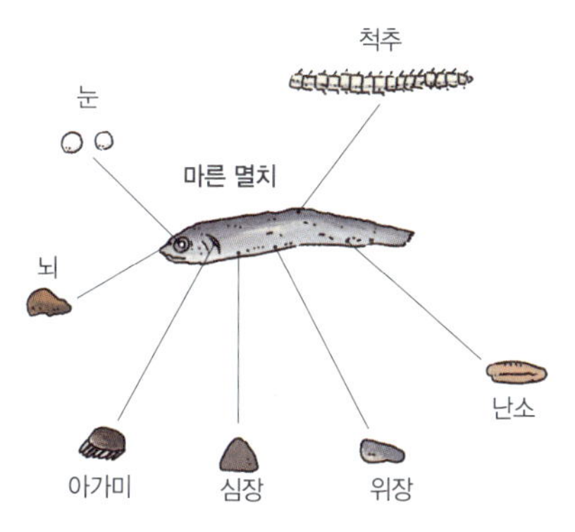

* 한국의 경우 생물체 해부를 금지했다(감수자).

뉴턴

힘의 크기를 나타내는 단위. 기호는 N. 100g의 물체를 들었을 때 손바닥이 느끼는 힘(무게)이 약 1N(정확히는 0.98N)이다. 영국 물리학자 아이작 뉴턴(Isaac Newton)의 이름에서 따왔다.

→ 단위

막자와 막자사발

고체 물질을 부숴 분말로 만들거나 분말끼리 섞을 때 이용하는 기구. 섞을 때 막자를 쾅쾅 찧으면 막자사발이 깨질 수 있으므로 부드럽게 원을 그리듯 돌려야 한다.

젖은 손으로 만지면 안 된다

전기를 다루는 실험을 할 때 지켜야 할 규칙 중 하나. 건전지나 전원 장치, 전기 회로 등은 젖은 손으로 만지면 감전될 위험이 있으므로 주의해야 한다.

→ 하면 안 되는 일들

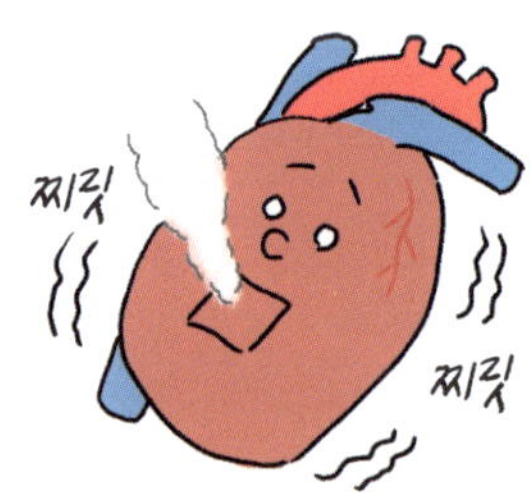

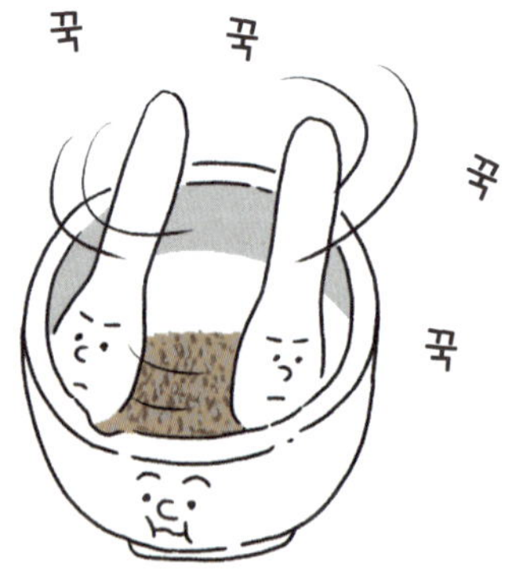

뿌리

식물 몸체의 한 부분. 보통 흙 속에 퍼져 있다. 식물을 지지하며 땅속의 수분이나 물에 녹아 있는 양분을 흡수한다. 뿌리 끝에 수많은 잔털이 있어 물이나 양분이 쉽게 흡수된다.

값이 비싼 기구

과학실에 있는 기구 중에서 값이 비싼 기구. 현미경, 천체 망원경, 인체 모형 등이 이에 해당한다. 실험대나 시약장, 백엽상 등도 값이 비싸다.

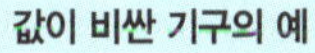

백엽상

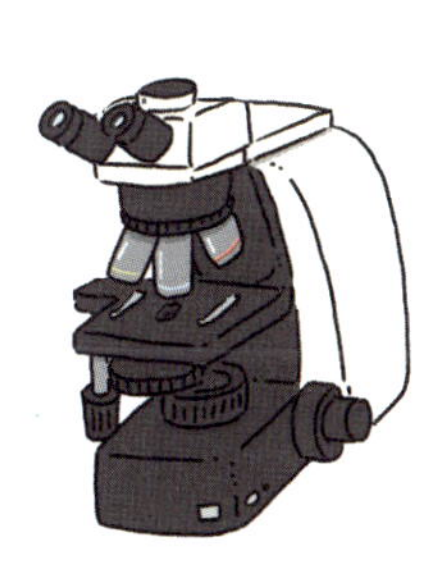

현미경

천체 망원경

시약장

실험대

열전도 비교 장치

열의 전달 방법 중 하나인 '전도'의 속도를 비교하는 기구. 이 기구를 사용하면 금속 종류에 따른 열전도 차이를 알 수 있다.

→ **전도(열전도)**

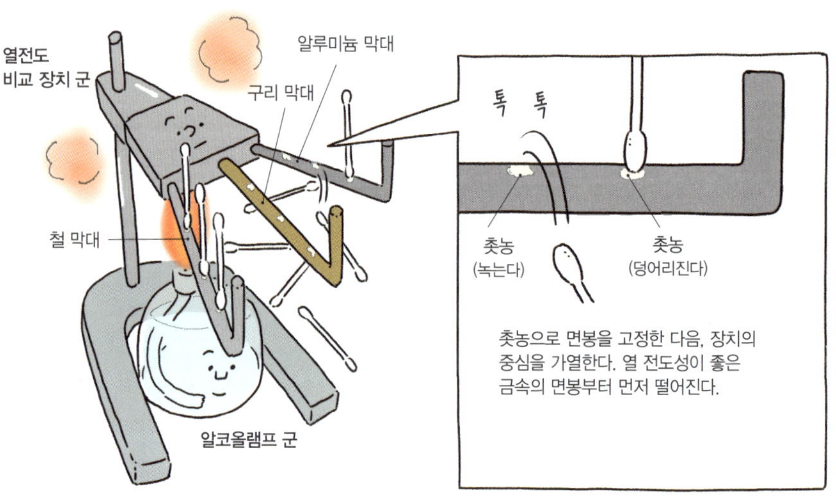

연소

물질이 열이나 빛을 내면서 격렬하게 타는 것. 산화 반응의 한 종류다. 연소 실험에서는 스틸 울을 사용하는 경우가 많다.

→ **산소**

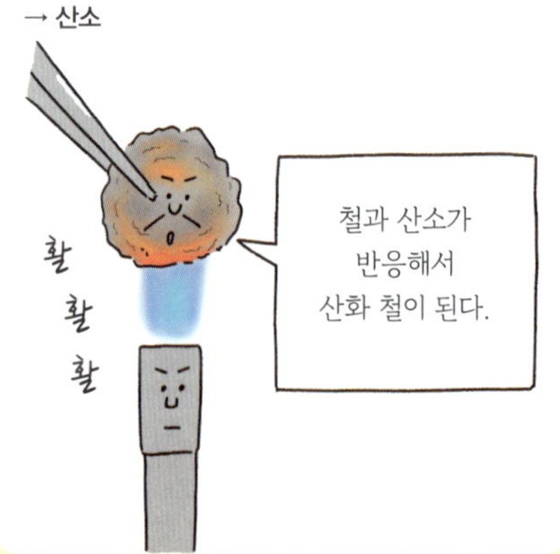

연소숟가락

소량의 물질을 태울 때 사용하는 금속제 기구. 받침형과 양초꽂이형이 있다. 손잡이가 길고 가늘어 뚜껑을 덮은 집기병 안에서 태울 수 있다. 설탕이나 소금, 스틸 울, 양초 등을 얹어서 연소시킨다. 이때 숟가락 부분을 알루미늄박으로 감싸 더러워지지 않도록 한다.

→ **알루미늄박**

지층 누중의 법칙을 회상하다

· 지층 → p.125 · 지층을 만드는 실험 → p.126

되적이니 지층에 관한 실험에서 흔한 것 중 하나가 지층을 만드는 겁니다. 이 실험을 할 때마다 항상 '지층 누중의 법칙'이 떠오릅니다. 지층이 위아래로 누적되어 있을 때 위쪽의 지층이 아래쪽의 지층보다 더 새로운 층이라는 법칙이죠.

지구 과학 야외 수업 때 수없이 들었던 말이에요. 하지만 들을 때마다 "아래가 오래된 거야 당연하지~?♪" 하며 콧방귀를 뀌었죠. 물건을 계속 쌓으면 당연히 아래쪽에 오래된 것이 놓일 수밖에 없으니까요.

그런데 알고 보니 이 법칙은 17~18세기에 확립된 '층위학(지층의 상하를 연구하는 학문)의 기본 법칙'이자 '지층의 신구와 연대를 측정하는 대원칙'으로, 지구 과학의 수많은 법칙 가운데서도 유서 깊고 의미 또한 너무너무 중요한 법칙 중 하나였습니다. 군인으로 따지면 5성 장군 같은 존재라고나 할까요.

얕봐서 죄송합니다! 머리에 피도 안 마른 젊은 날의 무식함을 인정하려니 참으로 부끄럽네요. 뭐, 그래서 지금은 실험실에서 페트병을 뱅글뱅글 돌리며 학생들에게 이 법칙을 열심히 가르치고 있답니다.

열전도 비교 장치의 우수성은 받침점에 있다

· 열전도 비교 장치 → p.146

열전도 비교 장치는 글자 그대로 금속의 종류에 따라 '열의 전달 속도'를 조사하는 장치입니다. 제가 다닌 초등학교 실험실에도 있긴 했지만, 실제로 수업에서 실험한 적은 없었습니다. 그런데 어린 마음에 너무 해보고 싶어서 직접 만들어 실험해 봤습니다(그냥 선생님한테 부탁하면 될 것을).

철, 구리, 알루미늄 막대를 우연히 얻어, 막대들의 한쪽 끝을 철사로 묶고 실험 스탠드로 고정해 가열하는 구조로 만들었습니다. 각 막대에는 이쑤시개(책은 면봉)를 같은 간격으로, 촛농을 이용해 여러 개 고정했죠. 여기까지는 완벽했습니다.

드디어 가열을 시작했는데 예상했던 것과 달리 차이가 나지 않는 겁니다. 그래서 철, 구리, 알루미늄의 배열 순서를 바꿨더니 결과가 다르게 나오더라고요! 지금 생각해 보니 학교에 있는 장치는 받침점(금속 막대가 다발로 묶인, 가열하는 부분)에 커다란 금속 덩어리가 부착되어 있었는데, 보기 좋으라고 있는 것이 아니라 열을 균일하게 전달하는 기능을 했던 거죠. 그 뒤로는 이 실험을 한 번도 해본 적이 없습니다. 열을 균일하게 전달하는 게 어려워서가 아니라, 촛농으로 이쑤시개를 고정하는 게 너무 귀찮아서요. 선생님이 이 실험을 하지 않은 이유를 알 것 같습니다.

— 야마무라 신이치로

잎

식물 몸체의 일부분. 가지나 줄기에 붙어 있다. 대개는 녹색이며 광합성과 증산 작용 등이 여기서 이루어진다. 잎은 되도록 겹치지 않게 나 있는데, 이는 광합성의 효율을 높이기 위해서다.

→ **기공, 광합성, 증산 작용**

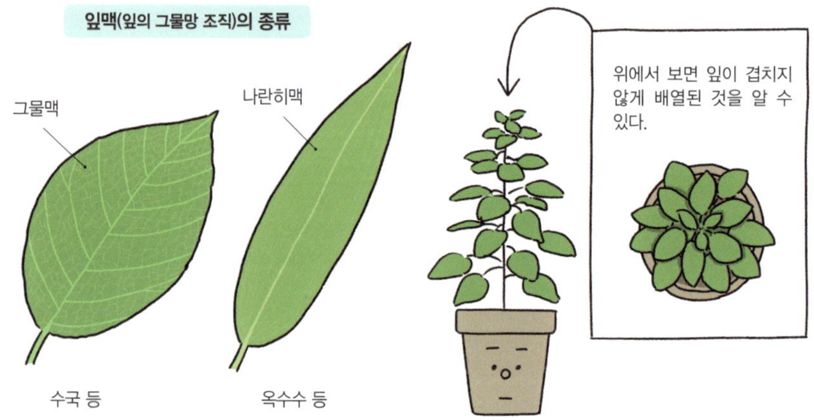

폐액용 탱크

실험할 때 사용한 시약(폐액)을 보관하는 탱크. 실험에서 배출된 폐액을 싱크대에 그대로 버리면 환경 오염 문제가 생기므로 반드시 회수해야 한다.

→ **쓰레기통**

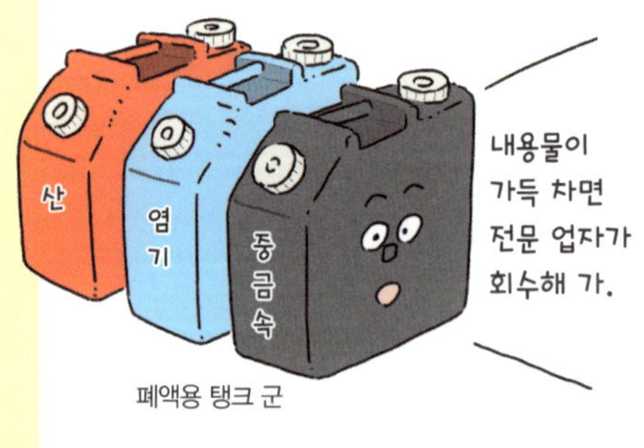

실험 가운

실험할 때 시약이 몸에 튀는 것을 방지하기 위해 입는 옷. 흰색이며 무릎까지 내려오는 길이가 일반적이다. 소매를 걷거나 앞 단추를 푼 채 실험하면 위험하다.

→ **보안경**

실험 가운은 모든 사람의 로망이지!

검전기

물체가 대전했는지 알아보는 기구. 얇은 금속박 두 장이 겹친 부분의 개폐로 대전했는지 유무를 판단할 수 있다.

→ 대전

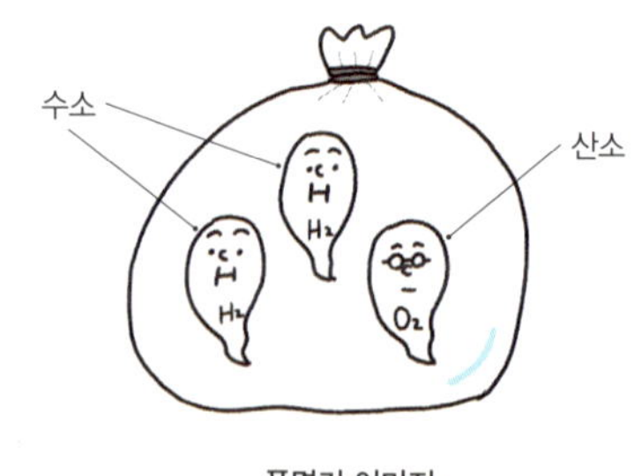

박제

표본의 한 종류. 정식 명칭은 '박제 표본'이다. 죽은 동물의 내장이나 근육을 제거한 다음, 살아 있을 때와 똑같은 외모나 자세로 만든다. 과학실 전시 코너에 종종 새의 박제가 전시되어 있다.

→ 전시 코너, 표본

폭명기

수소와 산소를 부피 2:1 비율로 혼합한 기체. 점화하면 '쾅!' 하는 폭발음이 난다. 수소와 산소가 반응해서 물이 생기는 매우 단순한 반응이지만, 소리와 빛, 진동이 동반되어 박진감이 넘친다. 매우 위험하므로 실험할 때는 반드시 선생님의 지도에 따라야 한다.

→ 산소, 수소

양동이

깊이가 있는 원통형 용기. 대부분 손잡이
가 달려 있다. 대다수 과학실(또는 과학준
비실)에 하나쯤 비치되어 있다. 수조에
물을 넣거나 실험에 사용하는 모래
또는 돌을 보관하는 용도다.

→ 운동장 모래

발아

식물 종자에서 싹이 나는 것. 발아하려면
물과 적절한 온도, 공기가 필요하다. 빛도
필요하다고 생각하기 쉬운데, 강낭콩, 무,
해바라기 등 많은 경우 발아하는 데 빛은
필요하지 않다. 그러나 양상추 씨앗처럼 빛
이 필요한 경우도 간혹 있다.

→ 종자, 탈지면

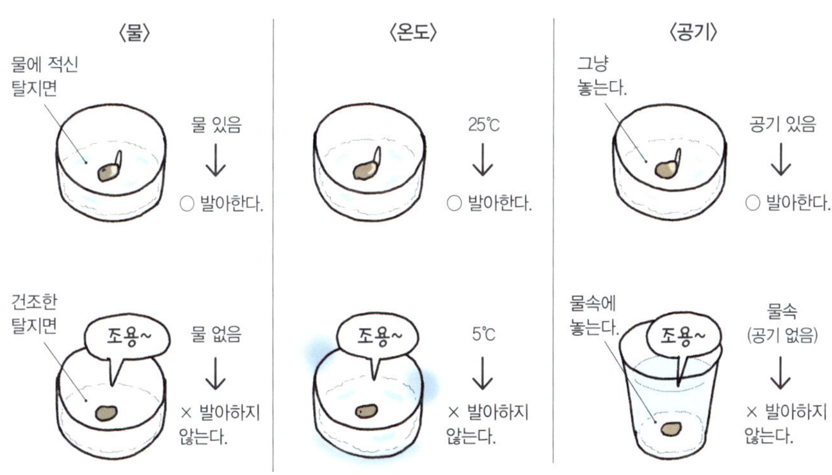

발광 다이오드

전기가 흐르면 발광하는 기구의 한 종류.
LED라고도 한다. 백색 전구보다 수명이 길
고 소비 전력이 작다. 전기 회로 실험에서 꼬
마전구와 함께 자주 쓰인다. 단, 꼬마전구
와 달리 LED는 정해진 전류 방향이 있으
므로 주의가 필요하다.

→ 꼬마전구

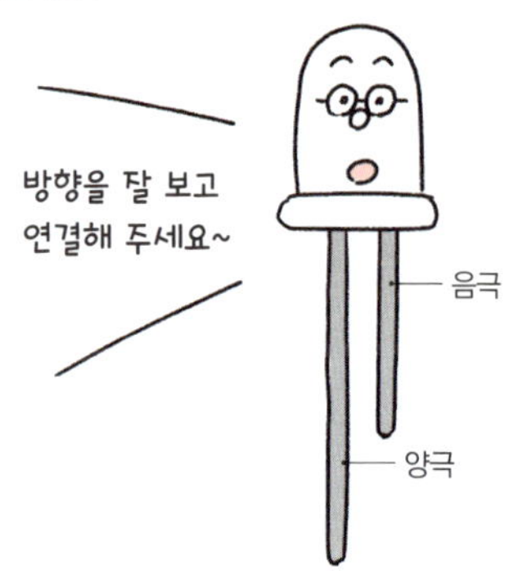

스티로폼 박스

폴리스타이렌이라는 물질의 작은 알갱이인
발포 스티롤을 가열해서 발포시켜 부풀린
것. 열을 잘 가두는 성질이 있다. 보온 능력
이 뛰어나므로 드라이아이스의 일시적 보
관이나 명반 결정 만들기에서 천천히 냉각
할 때 등에 사용된다.

→ 드라이아이스, 명반

스티로폼 박스 군

발전

운동 에너지나 빛 에너지 등을 전기 에너지
로 바꾸는 것. 일반적인 발전기는 코일 속
자석을 회전시켜 전기를 얻는다.

→ 손 발전기

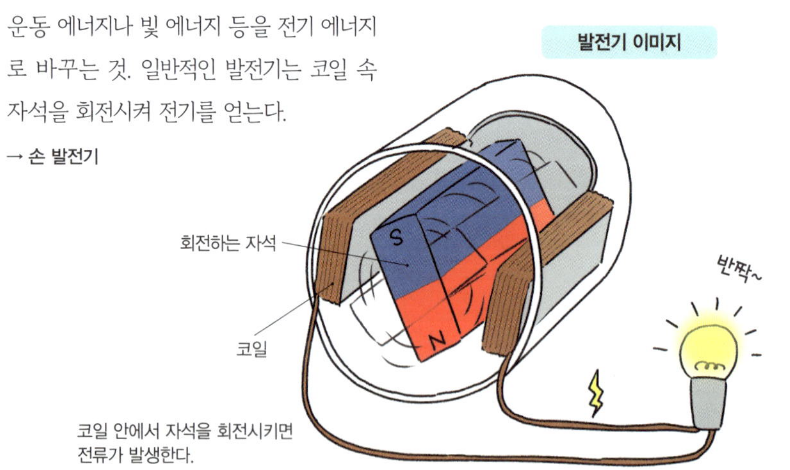

코일 안에서 자석을 회전시키면
전류가 발생한다.

꽃

종자(씨앗)를 만들어 내는 역할을 하는 부분. 식물의 생식 기관. 종자를 만들려면 암술과 수술이 필요하다. 꽃에는 둘 다 혹은 어느 한쪽이 반드시 있다. 암술의 아래쪽을 씨방(자방)이라고 하며 꽃가루받이(수분) 후 성장해 과실이 된다.

→ 종자

꽃의 구조(벚꽃)

용수철저울

물체의 무게나 힘의 크기를 측정하는 기구. 용수철이 늘어나는 정도가 힘의 크기에 비례한다는 점을 이용한 것이다. 상한을 초과한 힘을 가하면 고장 나므로 주의해야 한다.

→ 훅의 법칙

주의 안내문

과학실을 깨끗하고 안전하게 이용하기 위한 주의 사항이 적힌 종이. 실험기구를 수납하는 선반에는 '정리정돈', '사용 후 원위치에 정리할 것' 등의 내용이 적힌 종이가 붙어 있다.

→ 안전제일, 정치

pH(피에이치)

수용액의 산성~염기성의 정도를 0~14의 수치로 나타낸 것. 수치가 작을수록 산성이 강하고, 수치가 클수록 염기성이 강하다. 예전에는 독일어 발음을 따라 '페하'로 읽기도 했다.

→ **염, 산, 중성**

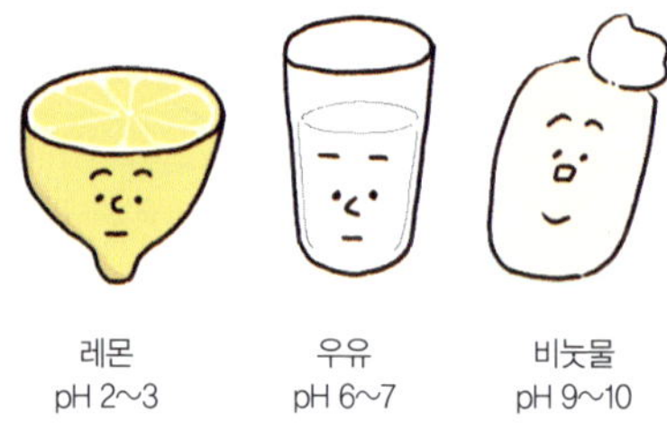

pH 지시약

pH에 따라 색이 변화하는 액체. BTB 용액, 페놀프탈레인액 등이 있다. pH 지시약은 수용액이 산성인지 염기성인지 알아볼 뿐만 아니라, 실험 전후 pH가 어떻게 변화하는지 조사하는 실험에도 활용할 수 있다.

→ **자색 양배추**

pH 시험지

대략적인 pH를 측정할 수 있는 종이. 특수한 시약을 종이에 흡수시켜 말린 것으로, 색 변화를 관찰하면 pH를 알 수 있다.

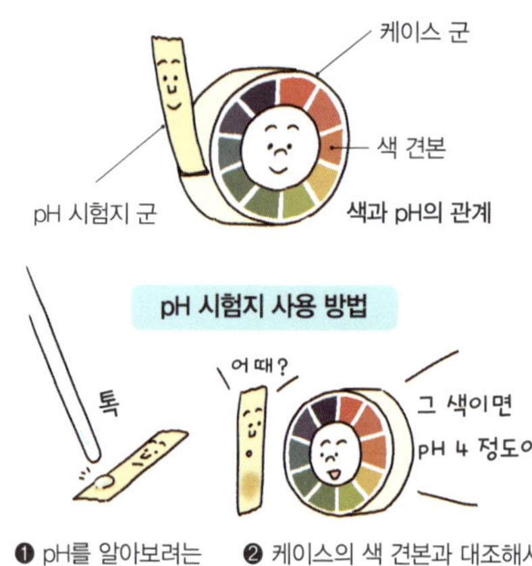

비커

주로 화학 실험에 사용되는 기구의 한 종류. 컵과 같은 모양이며, 따르기 쉽게 주둥이가 달렸다. 비커라는 이름은 주둥이가 새의 부리(beak)와 닮은 데서 유래했다. 옆면에 눈금이 새겨져 있는데, 대략적인 값이라 정확도는 떨어진다. 액체의 혼합과 가열, 거름 등 수많은 실험에서 사용되며, 종류가 다양하다.

→ **눈금의 정확도**

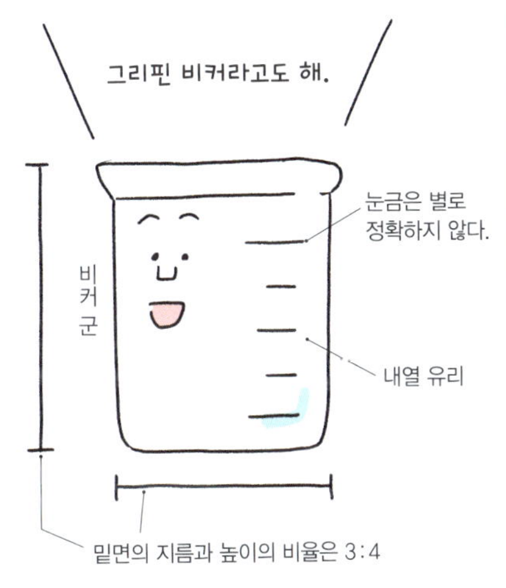

비커 군

우에타니 부부가 탄생시킨 캐릭터. 우에타니 부부의 남편이 연구원으로 근무하던 시절 그렸던 낙서에서 태어났다. 현재 비커 군의 실험기구 친구들 캐릭터는 150종이 넘는다. 한국에서는 출판사 더숲에서 시리즈물이 출간되고 있으며, 아마 여러분이 사는 동네 도서관에 비치되어 있을지도 모르겠다.

비커 군

빛

공간으로 전달되는 파동의 한 종류. 사람이 볼 수 있는 빛(가시광선)을 지칭하기도 한다. 진공 상태에서 빛의 속도는 약 30만 km/s로 우주에서 가장 빠르다. 빛은 직진, 굴절, 반사 등의 성질이 있다.

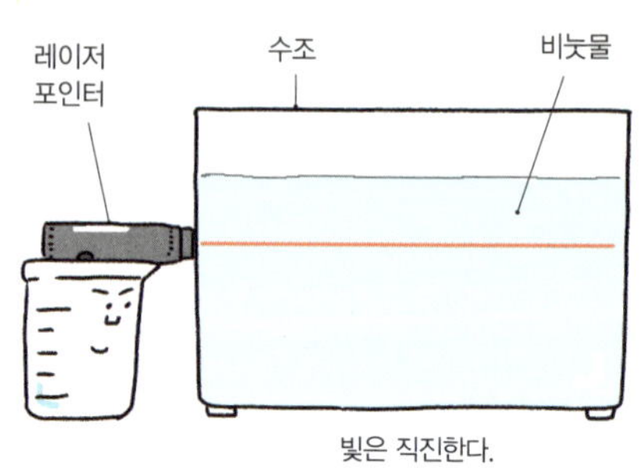

빛은 직진한다.

빛의 굴절

빛이 물질과 물질의 경계면에서 휘는(굴절) 것을 말한다. 예를 들어 공기 속을 직진하던 빛이 수중으로 들어갈 때는 똑바로 가는 것이 아니라 경계면에서 멀어지는 각도로 굴절한다. 어떻게 굴절하느냐는 각 물질의 고유한 굴절률에 따라 결정된다.

→ **전반사, 프리즘, 렌즈**

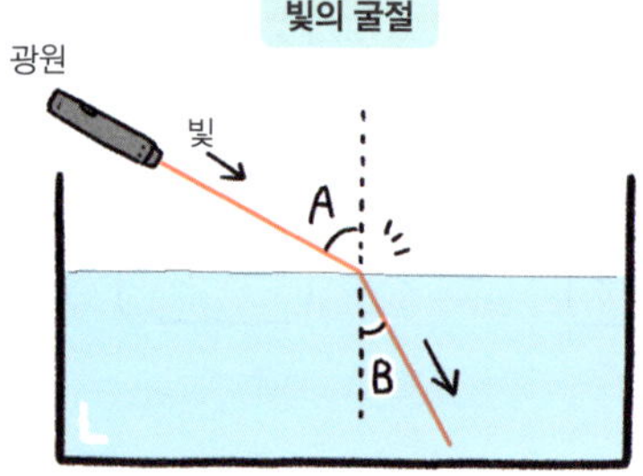

빛이 공기에서 물로 들어갈 때 A(입사각)보다 B(굴절각)가 작다.

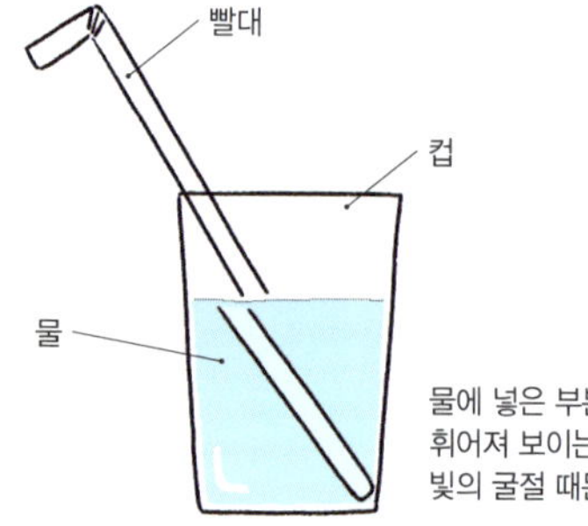

물에 넣은 부분이 휘어져 보이는 것은 빛의 굴절 때문이다.

빛의 삼원색

빨강·초록·파랑의 세 가지 색. 알파벳 첫 글자를 따서 RGB라고도 한다. 이 세 가지 빛을 같은 세기로 혼합하면 흰색이 된다. 각 비율에 여러 변화를 주면 거의 모든 색을 표현할 수 있다.

→ **발광 다이오드**

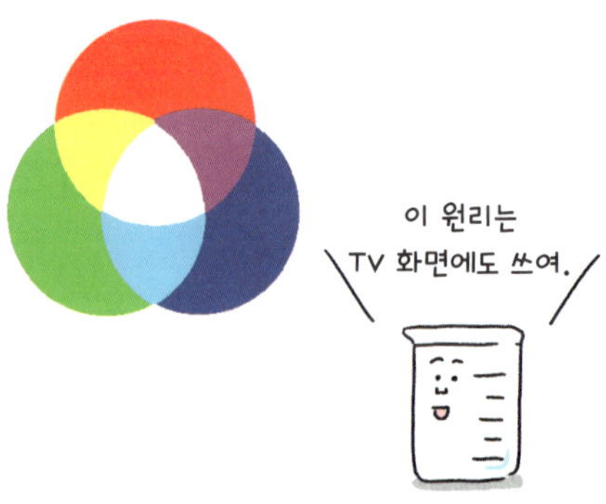

지금부터
투명 마술 쇼를
보여 드리겠습니다.

…그럼
시작합니다.
탁
두근
두근
두근
두근

풍덩
오오오
사라졌어!!

짠
네!
보셨죠?
신기해~
어떻게??

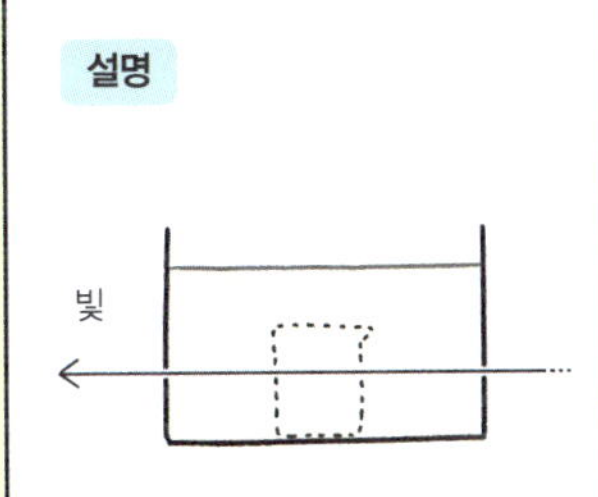
설명

빛

수조 속 액체는 식용유다. 식용유
와 유리는 빛의 굴절률이 비슷해
빛이 직선으로 통과한다. 그래서
비커가 사라진 것처럼 보인다!

그런데 이 마술은
끝나고 씻기가
귀찮단 말이지.
싹
싹
싹
싹
싹
내 말이
그 말이야~

물은 씻기 참 편한데~

빛의 반사

빛이 물체에 부딪힐 때 방향을 바꿔 되돌아 나가는 것. 연마한 금속이나 거울처럼 균일한 면에 빛이 부딪히면 부딪힌 각도(입사각)와 똑같은 각도(반사각)로 반사한다는 법칙이 있다. 물체가 비치는 것과 물체의 색도 빛의 반사와 관계있다.

→ 달의 위상, 난반사

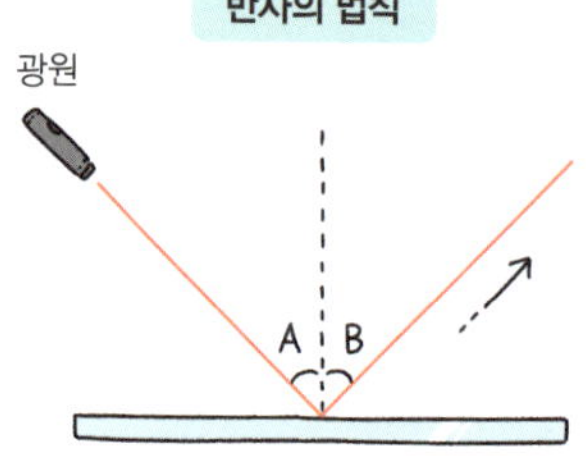

반사의 법칙

A(입사각)와 B(반사각)는 같다.

비중

어떤 물질의 밀도를, 기준이 되는 물질의 밀도로 나눈 값. 액체의 경우 물이 기준 물질이 된다. 비중이 1보다 작으면 물에 뜨고, 1보다 크면 물에 잠긴다.

→ 밀도

$$\text{비중}\,(\text{액체의 경우}) = \frac{\text{물질의 밀도}}{\text{물의 밀도}}$$

백엽상

기상 관측을 위해 야외에 설치된 상자. 안에는 온도계나 기압계 등의 측정 기기가 들어 있다. 요즘에는 많은 초·중학교에서 쓰지 않는다.

백엽상을 설치할 때 규칙

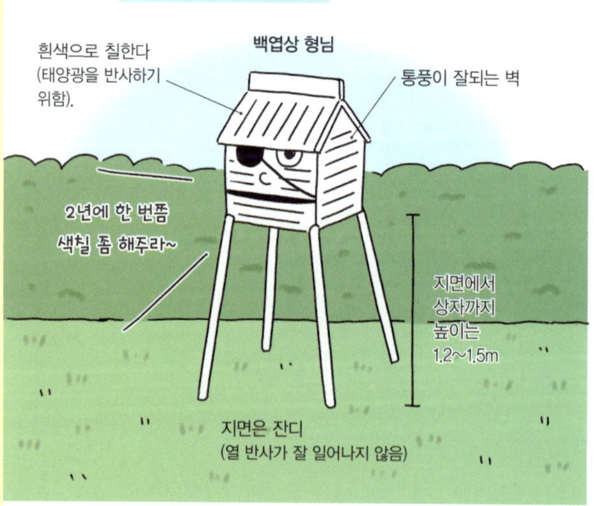

백엽상에 들어 있는 기기

기압계 군

자기 온도계 씨
(기온 변화를 자동으로 기록)

호리병박

예로부터 재배되어 온 박과 식물 중 하나.
1년 동안 씨 뿌리기부터 말라죽기까지 모
습을 관찰할 수 있는 한해살이 식물이므
로 초등학교에서 식물 재배로 자주 쓰인다.
과실은 호리병 모양으로, 쓴맛이 나서 식용
보다는 용기나 장식용으로 쓰인다.

→ **수세미**

표본

죽은 동물이나 식물, 암석이나 광물 등에
적절한 처리를 하여 장기간 보존할 수 있
게 만든 것. 연구나 교육을 위한 반복 관
찰용으로 사용된다. 학교 과학실 전시 코
너에 표본이 전시되어 있다면 꼭 한 번 관
람해 보자.

→ **골격 표본, 전시 코너, 박제**

광물 표본

암석 표본

식물 표본

곤충 표본

암모나이트 진화 화석 표본

표면 장력

액체의 표면 면적을 최대한 작게 만들려는 힘. 잎에 맺힌 이슬 모양이 둥근 것, 컵에 물을 가득 채웠을 때 수면이 넘치지 않고 볼록 튀어나오는 것 등은 모두 표면 장력 때문이다. 액체 중에서 물의 표면 장력이 특히 크다.

아슬아슬 넘치지 않는 물

잎에 맺힌 이슬

비료

식물의 성장을 돕기 위한 영양 물질. 비료 없이도 식물은 성장하지만, 비료를 주면 줄기가 굵어지거나 잎이 무성해진다. 질소, 인, 칼륨을 '비료의 3요소'라고 한다.

비료를 주지 않은 화초

비료를 준 화초

핀셋

손 대신 물체를 집을 때 사용하는 기구. 손으로 만지면 위험한 경우나 미세한 것을 집을 때 사용한다. 덮개유리처럼 얇은 것을 옮길 때도 핀셋을 사용하면 편리하다.

→ 맨손으로 만지면 안 되는 것들

핀셋 군

풍속계

풍속을 측정하는 기구. 현재 기상청 등에서 사용하는 것은 프로펠러가 달린 풍차형 풍향 풍속계 종류다. 과학실에는 이보다 오래된 종류가 전시 코너에 전시되어 있거나 과학준비실에 보관되어 있다.

→ 안 쓰이게 된 기구

풍차형 풍향 풍속계

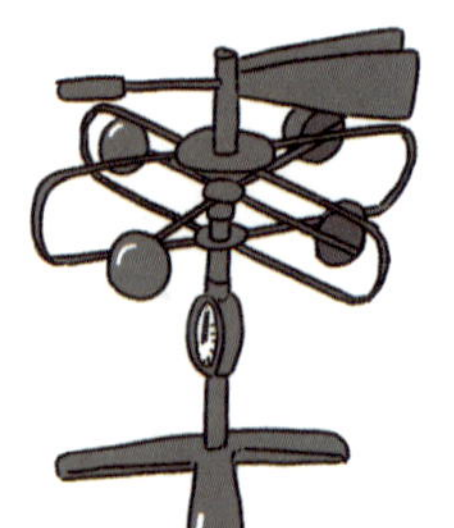

구형 풍향 풍속계

부침자

오래전부터 사용돼 온 과학 교구 중 하나.
물이 들어 있는 용기를 누르면 부침자가
아래로 가라앉고, 누르기를 멈추면 부침자
가 위로 뜬다. 용기를 누르면 압력이 물에
전달되어 부침자 안의 공기가 수축된다. 이
에 따라 부침자의 부력이 작아지면서 가라
앉는 원리다.

→ 과학 교구, 부력

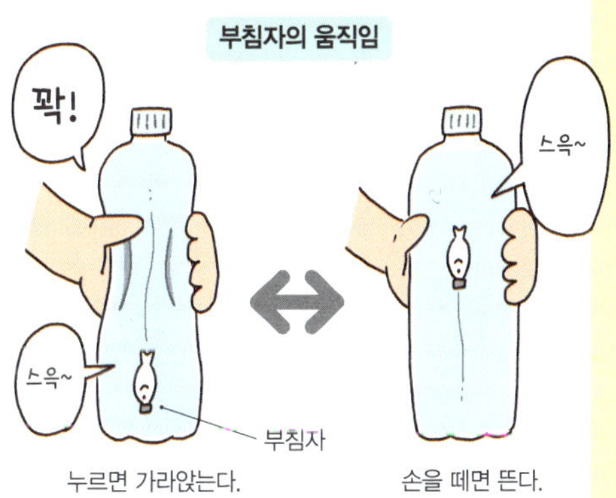

훅의 법칙

용수철에 힘을 가할 때 용수철이 늘어나
는 정도는 힘의 크기에 비례한다는 법칙.
용수철저울의 작동 원리로 이용되고 있다.

→ **용수철저울**

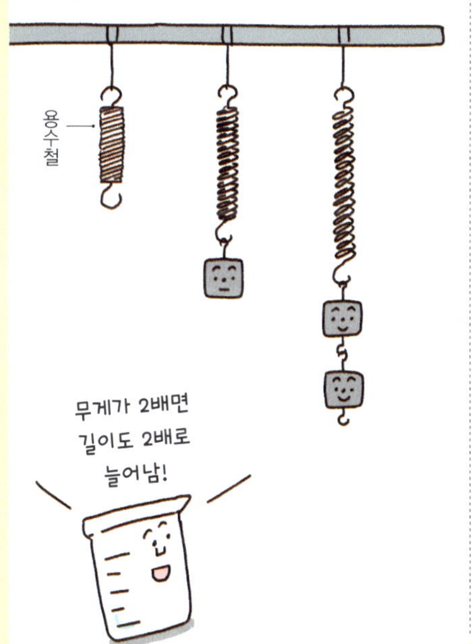

끓임쪽(비등석)

돌비 현상을 막기 위해 가열하기 전 액체에
넣는 물건. 끓임쪽 표면에는 작은 구멍이 매
우 많은데, 그 속의 공기가 액체를 잘 끓게
만든다. 이에 따라 액체가 끓어야 할 온도에
서 별문제 없이 끓어 '과열 상태가 되면서 갑
자기 끓는 돌비 현상'을 막아 준다.

→ 돌비 현상

물리학

자연 과학의 한 분야이자 과학 교과목의 하나. 물질이나 전자파, 에너지 등 자연계 현상의 원리와 법칙 등이 학습 대상이다.

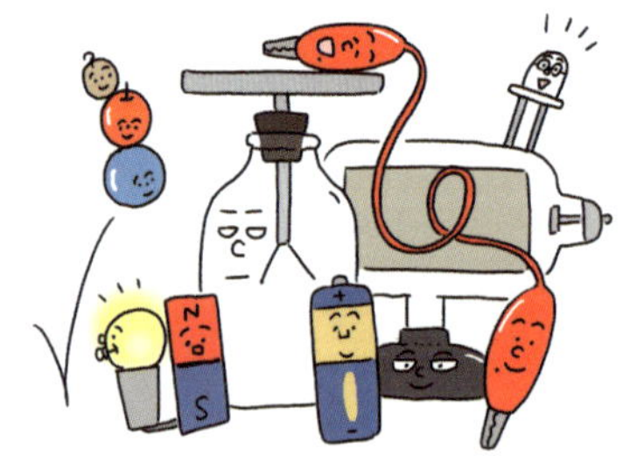

브라운 운동

우유의 유지방처럼 작은 알갱이가 불규칙하게 움직이는 운동. 현미경으로 관찰할 수 있다. 이 운동은 유지방 입자에 물 분자가 끊임없이 충돌하면서 일어나는데, 액체뿐만 아니라 기체 속의 작은 입자(티끌, 먼지)에서도 볼 수 있다.

→ 우유

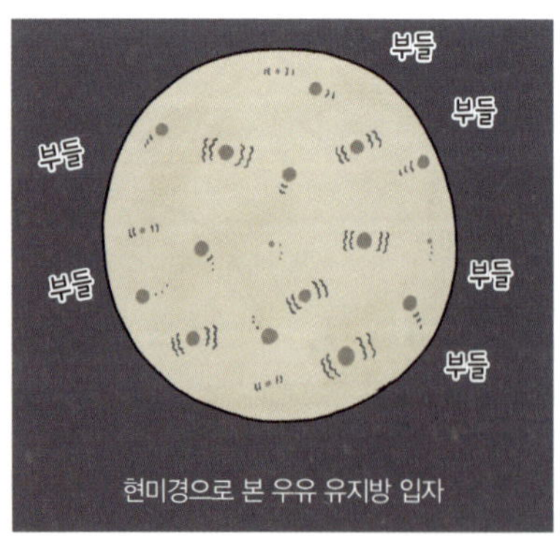

현미경으로 본 우유 유지방 입자

플라스크

주로 화학 실험에서 사용되는 기구의 한 종류. 길쭉하고 좁은 입구에 비해 본체는 크고 넓다. 흔들 때 안에 들어 있는 액체가 바깥으로 잘 튀어나오지 않고, 액체가 증발해 외부로 나가는 것을 막는 장점이 있다. 삼각 플라스크, 둥근바닥 플라스크 등 종류가 다양하다.

→ 가열과 유리 기구, 대형 세척 솔

다양한 플라스크

삼각 플라스크 군　　　둥근바닥 플라스크 군

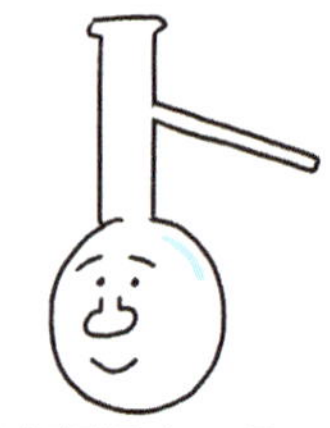

넓적바닥 플라스크 군　　　가지 달린 플라스크 군

플라스크 씻는 방법

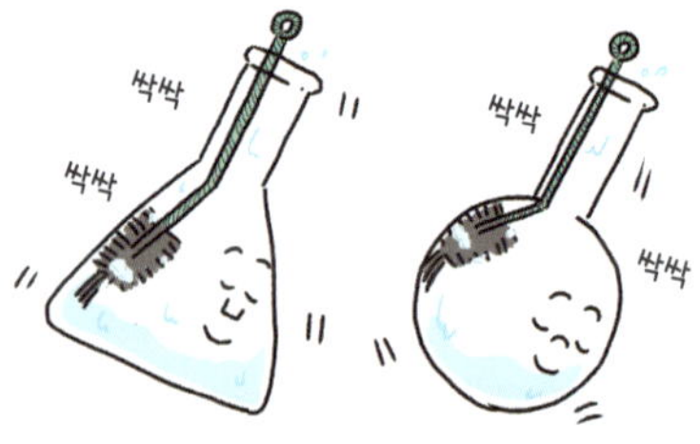

세척 브러시를 각 모양에 맞게 구부려서 씻는다.

플라스틱

주로 석유를 원료로 만든 물질 중 하나. 가열로 변형하기 쉽고, 전기나 열이 잘 통하지 않으며, 내구성이 강하다. 폴리에틸렌(PE)이나 폴리프로필렌(PP) 등 많은 종류가 있으며, 실험기구의 소재로도 활용되고 있다. 기능적으로 뛰어나지만 미세 플라스틱이 환경에 악영향을 미치는 문제가 제기되고 있다.

→ 페트병

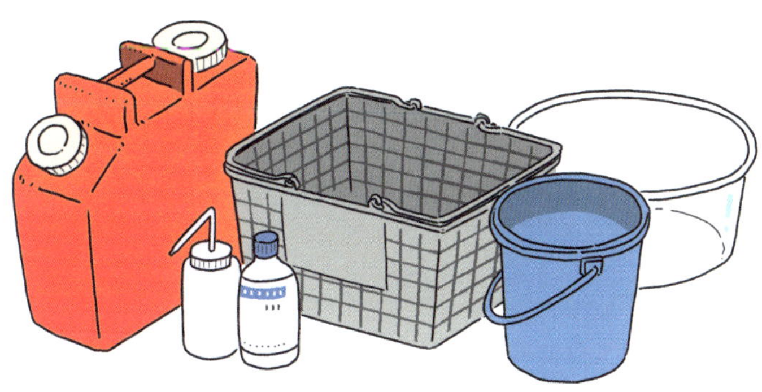

과학실에 있는 플라스틱 제품

블랙 라이트

자외선을 광원으로 이용한 라이트. UV 라이트라고도 한다. 형광펜으로 그은 선이나 인쇄 용지(의 섬유), 일부 광물 등의 형광 물질을 빛나게 만들 수 있다. 생활 속에서 블랙 라이트로 빛이 나는 물질을 찾아보는 것도 재미있다. 하지만 블랙라이트를 장시간 사용하거나 직접 만지면 눈이 손상될 우려가 있으니 주의해야 한다.

블랙 라이트로 빛이 나는 물건들

이미 사용한 엽서   형광펜   일부 알사탕   일부 광물

사각 화분

식물을 심어서 키우는 데 필요한 용기. 직육면체 모양의 플라스틱제가 많다. 과학실 창가에 관찰용 봉선화 등을 심어 놓기도 한다.

진자

실 끝에 추를 달아 흔들리게 만든 것. 진자가 한 번 왕복하는 데 걸리는 시간(주기)은 흔들리는 폭이나 추의 무게에 영향을 받지 않는다.* 진자의 주기는 오직 실의 길이에만 영향을 받는다.

→ **펜듈럼 액션**

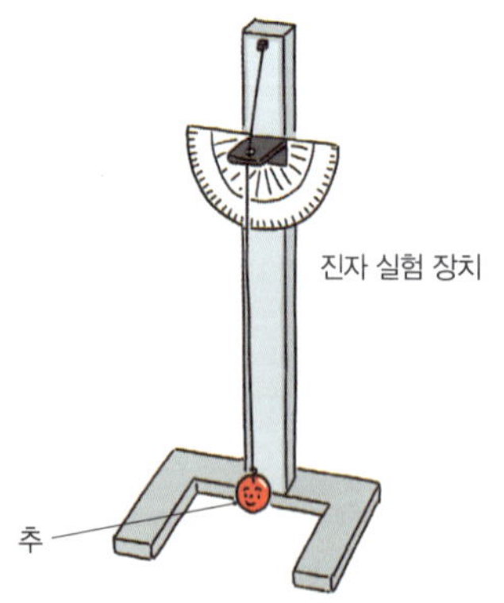

진자가 한 번 왕복하는 데 걸리는 시간은 진자의 길이에만 영향을 받는다.

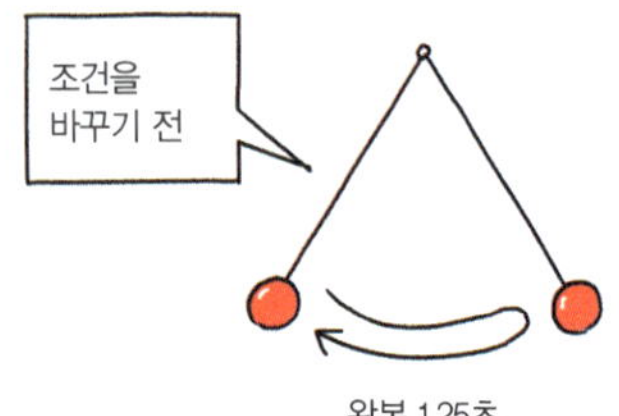

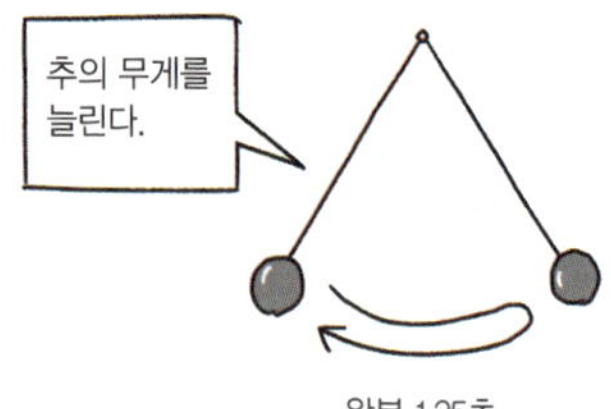

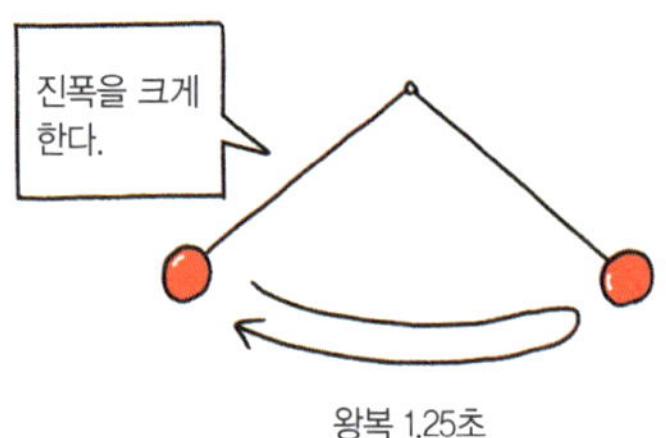

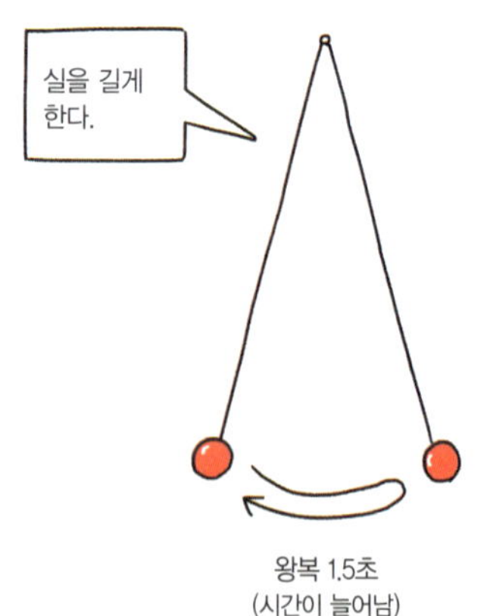

* 엄밀히 말해, 진폭을 너무 크게 하면 주기가 달라진다.

프리즘

유리 등으로 만든 투명한 입체물. 햇빛을 통과시키면 무지개 같은 여러 색깔의 빛이 펼쳐진다. 햇빛에 들어 있는 다양한 색의 빛이 각각 다르게 굴절되어 이와 같은 현상이 일어난다.

→ 빛의 굴절

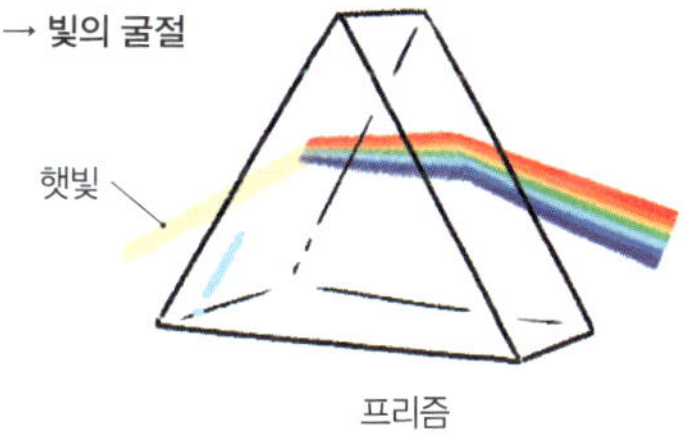

부력

액체 속에 있는 물체에 위쪽으로 작용하는 힘. 물체의 부피가 클수록, 그리고 액체의 밀도가 클수록 부력은 커진다.

→ 밀도

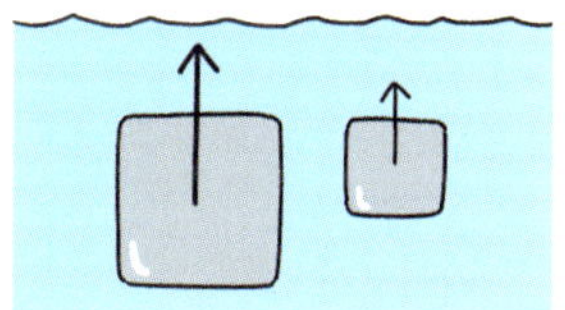

부피가 크면 부력이 커진다.

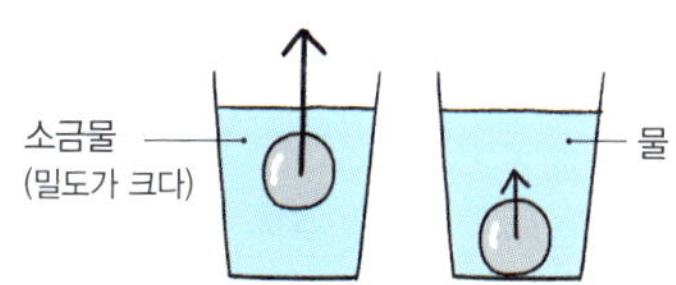

액체의 밀도가 크면 부력이 커진다.

프레파라트

관찰하려는 물질을 받침유리와 덮개유리 사이에 끼워 놓은 것. 현미경으로 관찰할 때 사용된다. 프레파라트를 만들 때는 손이 베이지 않도록 조심해야 한다.

→ 현미경

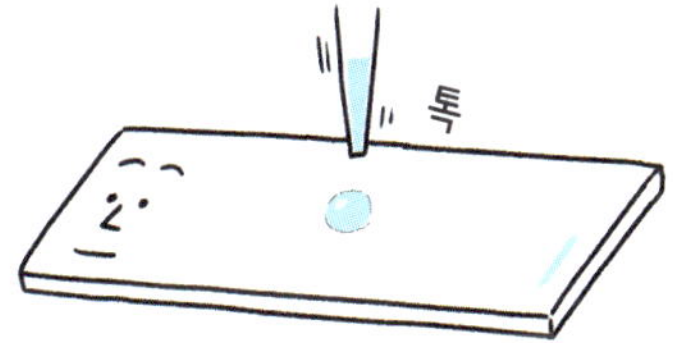

❶ 받침 유리에 연못 물을 한 방울 떨어뜨린다.

❷ 기포가 들어가지 않도록 덮개유리를 덮는다.

❸ 여분의 물을 거름종이로 흡수해서 정리하면 완성!

플레밍의 왼손 법칙

자기장 안에 설치된 도선에 전류가 흐를 때 전류·자기장·힘이 작용하는 방향을 왼손으로 나타내는 방법. 왼손의 중지·검지·엄지를 각각 직각이 되도록 폈을 때 중지는 전류, 검지는 자기장, 엄지는 힘의 방향을 나타낸다.

→ **펜듈럼 액션**

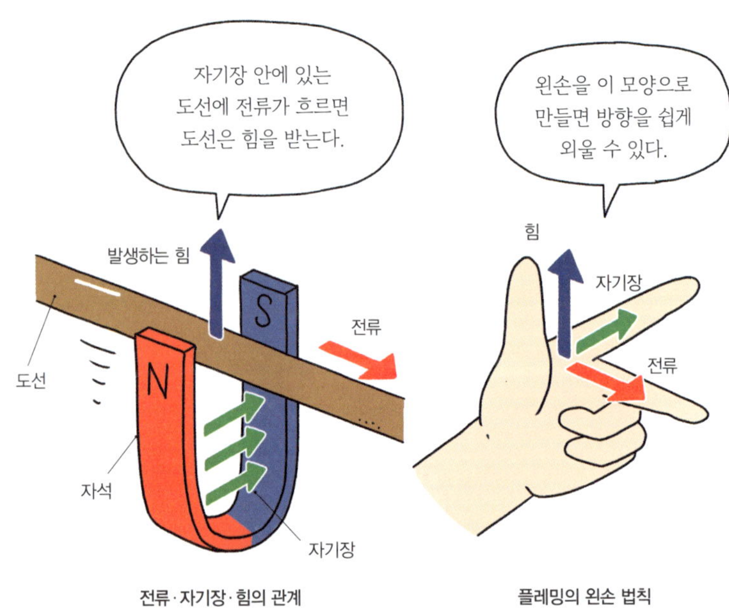

분자

여러 원자가 연결되어 만들어진 하나의 그룹. 물질의 고유한 성질을 유지한 채 아주 잘게 쪼갰을 때의 최소 단위다. 예를 들어 물 분자는 수소 원자 2개와 산소 원자 1개가 연결되어 만들어진 것이다. 그 외에도 분자를 만드는 물질은 많은데, 철이나 구리 등의 금속이나 소금(염화 나트륨) 등은 분자를 만들지 않는다.

→ **원자**

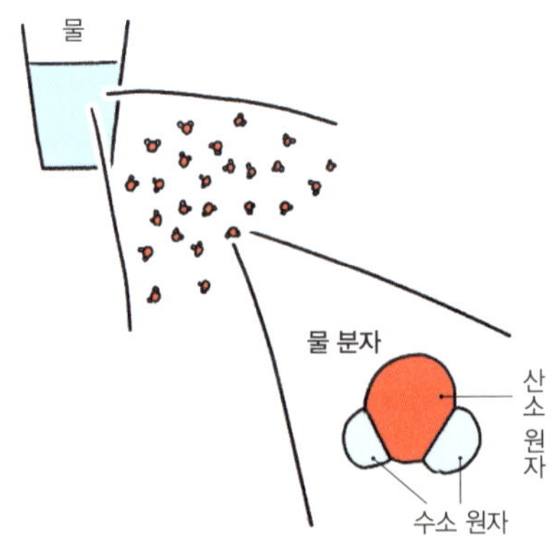

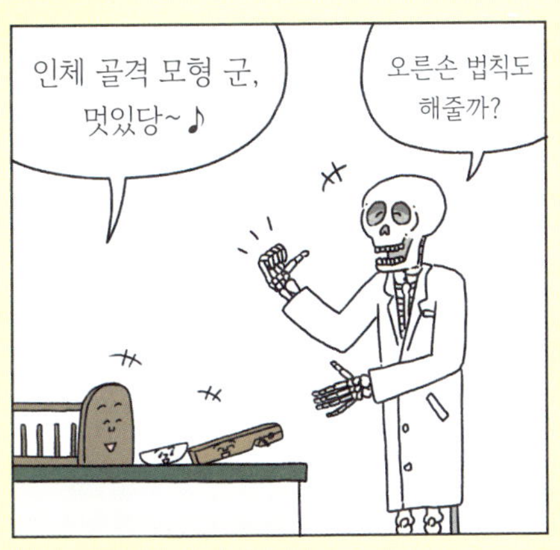

플레밍의 왼손 법칙은 이름도 멋져~

분실

과학실에서 일어나는 불행한 일 중 하나. 분동 세트 중 제일 작은 분동이 분실되거나 현미경의 대물렌즈가 하나 모자라는 경우 등을 들 수 있다. 초·중학교에서는 잘 사용하지 않지만, 액체를 혼합하는 마그네틱 바 중 작은 유형도 자주 분실된다.

분자 모형

분자의 화학 구조를 입체적으로 이미지화한 모형. 많은 경우 원자는 구슬을, 원자 간 결합은 막대를 사용해서 모형을 만든다. 입체적으로 만들면 원자 간 거리감과 분자의 전반적인 형태를 이해하는 데 도움이 된다.

분자 모형 세트

분자 모형을 만들기 위한 구슬과 막대가 세트로 구성된 것. 탄소는 검은색, 수소는 흰색과 같이 원자의 종류에 따라 색이 구분되어 있다. 분자의 화학식(물은 H_2O)을 보고 입체적으로 조립해 나가는 작업이 퍼즐처럼 재미있다.

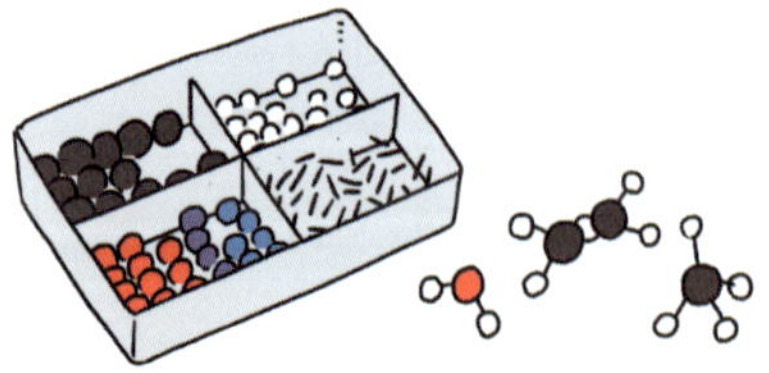

분동

윗접시 저울을 사용할 때 질량의 기준이 되는 추. 크게 원통형 분동과 판상 분동의 두 종류가 있다. 오염되면 무게가 바뀌거나 녹슬 수 있어 분동을 맨손으로 만지면 안 된다.

→ 윗접시 저울, 맨손으로 만지면 안 되는 것들

분동용 핀셋

분동을 옮길 때 사용하는 핀셋. 일반적인 핀셋과 달리 끝부분이 휘어져 있어 집을 때 편리하다. 이 핀셋으로 원통형 분동은 위쪽의 잘록한 부분을, 판상 분동은 귀의 접힌 부분을 집는다.

수세미

예로부터 재배되어 온 박과 식물 중 하나. 호리병박과 마찬가지로, 1년 동안 씨 뿌리기부터 말라죽기까지 과정을 관찰할 수 있는 한해살이 식물이므로, 초등학교에서 식물 재배할 때 가장 많이 쓰인다. 익은 열매는 섬유가 딱딱해지므로, 말려서 설거지할 때 스펀지 용도로 활용된다.

→ **호리병박**

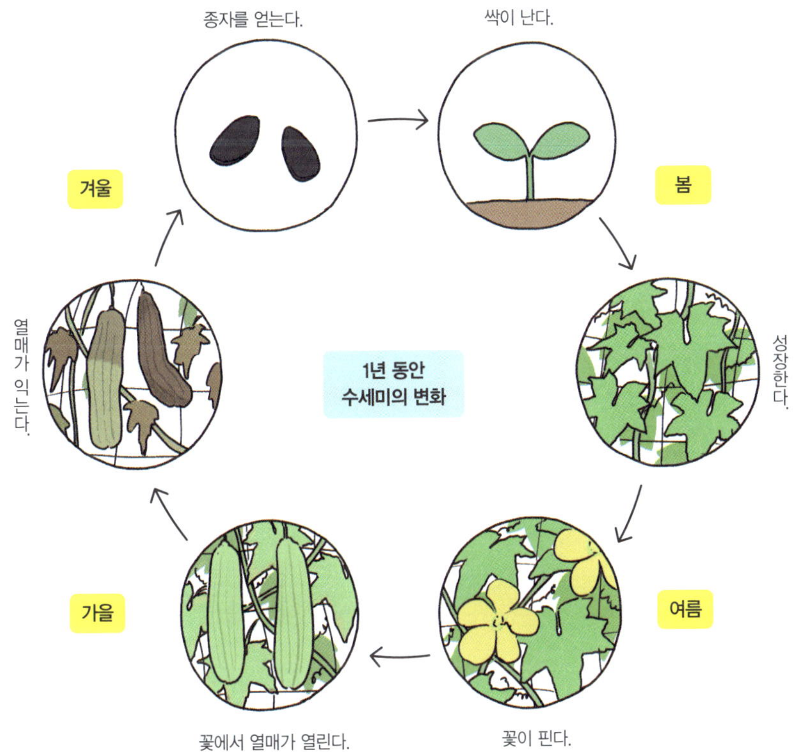

페트병

플라스틱의 한 종류인 폴리에틸렌 테레프탈레이트(PET)가 원료인 투명 용기. 쉽게 얻을 수 있고 가공하기 쉬워 다양한 실험에 활용되고 있다.

→ **구름을 만드는 실험, 지층을 만드는 실험, 툴그렌 장치**

물 로켓

과학 교구 중 하나. 물을 일정량 넣은 뒤 공기를 삽입해 안의 압력을 순간적으로 높여서 발사한다. 공기와 물이 뒤로 분출되는 힘의 반작용에 따라 로켓이 힘을 받고 멀리 날아가는 원리다. 어디까지 날아갈지 예상하기 어려워 실험할 때 세심한 주의가 필요하다.

→ 과학 교구, 작용 반작용 법칙

나침반

동서남북 방위가 그려진 원판에 자유롭게 움직이는 자석을 부착한 것. 바늘의 N극이 북쪽을 가리키는 것으로 방위를 알 수 있다. 달이나 별자리 관찰, 자기장의 방향을 알아보는 실험 등에서도 쓰인다.

→ 자기장, 자석

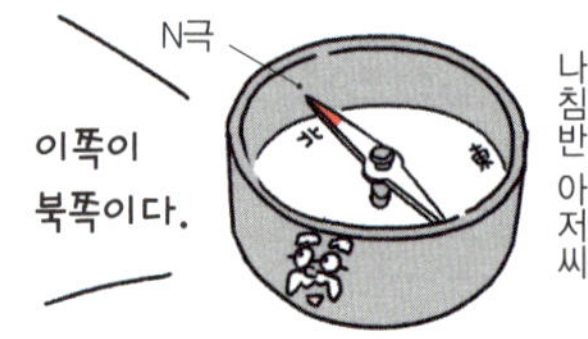

복사

열이 전달되는 방법의 하나로, 고온의 물체가 발하는 빛이나 적외선이 다른 물체로 전달되어 온도가 올라가는 것. 햇빛이 닿거나 전기난로 앞에 있으면 따뜻하게 느껴지는 것도 복사 때문이다.

→ 난로, 대류, 전도

펜듈럼 액션

과학 교구 중 하나로, 길이가 서로 다른 여러 진자를 배열한 것. '펜듈럼(pendulum)'이란 '흔들리는 추'를 의미한다. 모든 진자를 일제히 움직이면 진자의 움직임이 중첩되어 파도처럼 흔들리거나 좌우 두 열이 되는 등 복잡한 패턴을 이룬다.

→ 진자

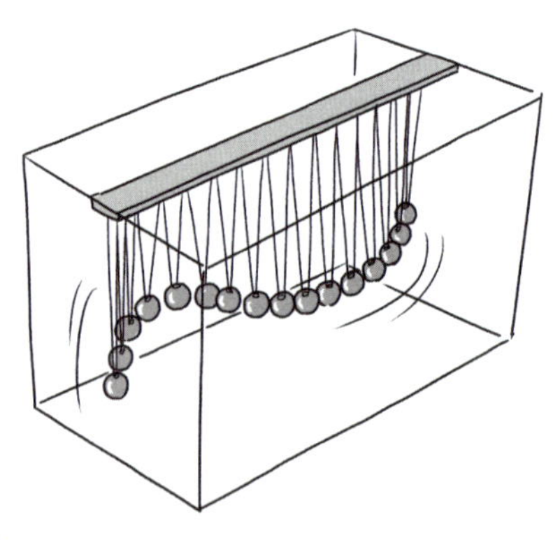

포화 수용액

———

물질을 물에 녹일 때 더 이상 녹이지 못하는 상태가 된 수용액. 물에 어느 정도 양까지 녹일 수 있는가는 물의 온도 및 물질의 종류와 관계있다. 많은 경우, 물질은 물의 온도가 높을수록 녹는 양이 증가한다.

→ 재결정, 수용액

보안경

———

실험이나 관찰할 때 눈을 보호하는 플라스틱제 안경. 실험에서 사용하는 액체나 분말, 발생하는 가스, 또는 폭발이 일어났을 때 튀는 유리 등으로부터 눈을 보호한다.

오랜 시간 착용하면 번거로울 수도 있지만, 함부로 벗지 말아야 한다.

→ 안전제일

포스터

———

과학실 벽이나 과학실 앞 복도에 붙여 놓은 인쇄물. 흥미를 유발하는 과학 관련 내용이나 안전하게 실험하는 방법 등 다양한 내용이 담겨 있다.

다양한 포스터

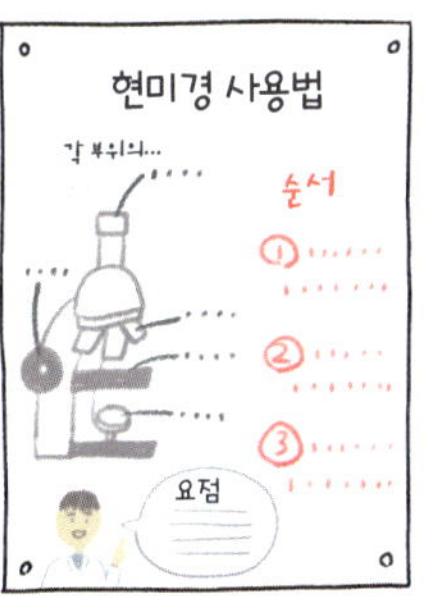

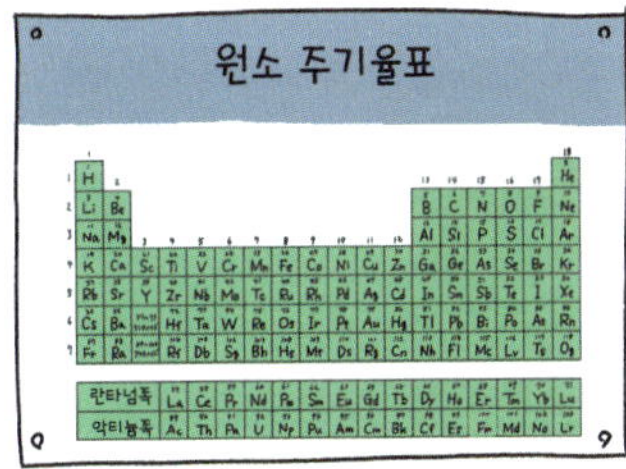

실험 가운을 입으면
정말 멋있어 보일까?

· 실험 가운 → p.148

실험 가운을 착용하는 이유는 '실험하는 데 필요해서'와 '멋있어 보여서'라는 두 가지 의견으로 나뉠 것 같아요. 저는 굳이 이유를 들자면 '필요해서' 입는 편이지만, '될 수 있으면 입지 않고 끝내고 싶은' 사람입니다. 왜냐하면 체형이 특수해서(위아래로는 짧고, 좌우로는 둘레가 길어서) 맞는 사이즈가 없거든요. 학생들이 찍어 준 제 수업 동영상을 볼 때마다 가운 입은 초라한 모습에 쥐구멍으로 숨어 버리고 싶은 충동을 느낍니다.

가운을 입어 멋있는 사람은 태생이 비율 좋게 태어난 사람(또는 인체 골격 모형 군)이고, 비율이 꽝인 저 같은 사람은 아무리 가운을 입어 봤자 꽝이죠(원래 짧고 굵게 태어난 걸 어쩌겠어요). 제가 너무 흥분했네요. 하하, 죄송합니다.

강의할 때나 물리 실험을 할 때는 가운을 입지 않지만, 시약을 다루는 화학 실험을 할 때는 꼭 착용합니다. 더위를 잘 타고 땀을 많이 흘리는 편이라서 와이셔츠 위에 입으면 여름엔 땀 범벅이 됩니다. 언젠가 돈 많이 벌면 쿨링 소재(땀이 나면 냉각해 주는 신소재)로 제 몸에 딱 맞는 맞춤 가운을 입어 보고 싶네요. 하지만 그럴 돈이 있으면 새 렌즈부터 살 게 분명합니다(다이어트부터 시작해야겠죠).

물리학과 생물학을 잇는 다리

· 브라운 운동 → p.162

쉽게 할 수 있고 결과가 확실해서, 저는 수업에 브라운 운동 관찰을 꼭 집어넣습니다. 물로 10배 정도 희석한 우유를 샘플로 삼고, 생물 현미경으로 최고 400배 정도로 확대해 관찰합니다. 우유의 프레파라트는 화면 전체로 한 번에 핀트를 맞출 수 있고 현미경을 적절하게 세팅하면 보기에도 편해 상당히 재미있는 실험입니다. 물론 현미경에 익숙하지 않은 학생이 많아 수업 시간에 현미경 조작법을 설명하는 데 걸리는 시간이 관찰 시간보다 훨씬 길어지긴 하지만요….

언뜻 보기에는 작은 알갱이(우유의 유지방 입자)가 부르르 떨기만 하는 단순한 것 같지만, 이는 유지방 입자에 물 분자가 충돌해서 일어나는 운동입니다. 즉, 물이 눈에 보이지 않는 크기의 알갱이＝분자로 되어 있다는(!) 사실과 이 분자가 운동하고 있다는 것을 나타냅니다. 이 운동을 발견한 것은 약 200년 전 꽃가루에서 나온 입자를 관찰하던 로버트 브라운(Robert Brown)이라는 식물학자입니다. 게다가 그 유명한 물리학자 아인슈타인이 이 현상을 연구했다는 것이 감동 포인트죠. 마치 물리학과 생물학을 잇는 다리 같지 않나요? 이것이 제가 이 실험을 사랑하는 이유이기도 합니다.

—야마무라 신이치로

헷갈리는 용어

발음이 비슷해서 헷갈리는 단어들. '가열과 과열', '용해와 융해' 등이 있다. 발음이 비슷한 경우뿐 아니라 '밀도와 비중', '무게와 질량'처럼 개념이 비슷해서 헷갈리는 용어 등도 틀리지 않도록 주의해야 한다.

마그데부르크의 반구

대기압의 크기를 체험할 수 있는 기구. 두 개의 반구를 붙여서 안의 공기를 빼면 두 반구를 뒤로 당겨도 떼어 놓을 수 없다. 반구 안의 압력은 낮아진 데 반해, 외부로부터 받는 압력(대기압)은 크기 때문이다. 간혹 과학준비실 구석에 방치되어 있는데, 너무 낡고 오랫동안 방치해 공기가 잘 빠지지 않는 경우도 있다.

→ 진공, 대기압

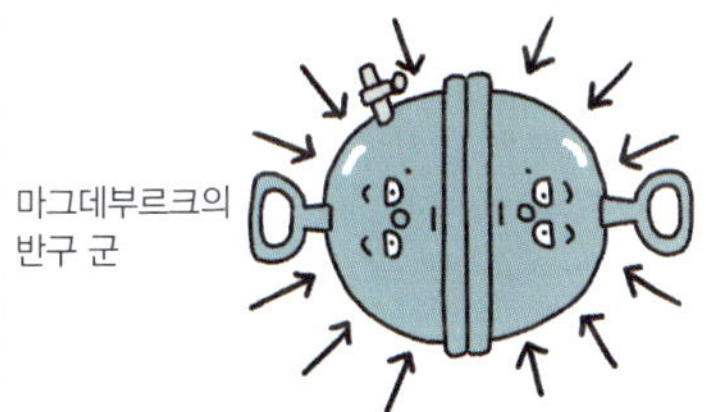

마그데부르크의 반구 군

대기압으로 눌려 떨어지지 않는다.

안에 공기가 들어가면 쉽게 떨어진다.

성냥

양초나 가스버너 등의 가열 기구에 불을 붙일 때 사용하는 도구의 하나. 나뭇조각 끝과 성냥갑의 마찰 면에 각각 다른 약품이 발라져 있다. 부딪치면 성냥개비와 마찰 면이 반응해서 마찰열로 불이 붙는다.

→ 점화기, 사용한 성냥 회수통

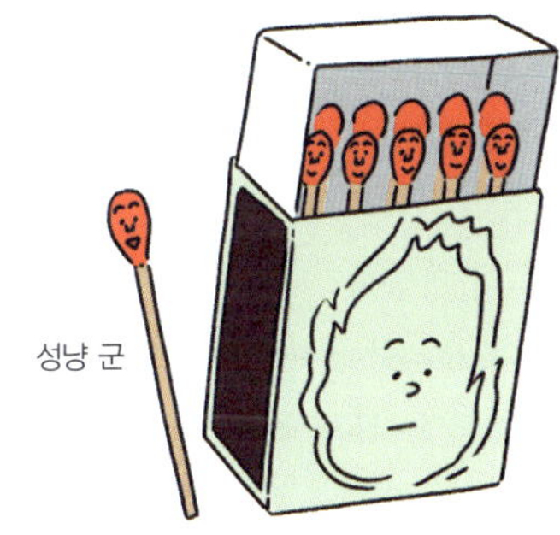

성냥 군

솔방울

소나무 열매의 송이. 소나무의 '구과'라는 부분으로, 틈 사이에 들어 있는 종자를 보호하는 역할을 한다. 물에 담그면 비늘이 닫혀 작아지고, 마르면 비늘이 벌어진다. 이는 건조한 시기에 종자를 방출하는 소나무의 성질 때문이다.

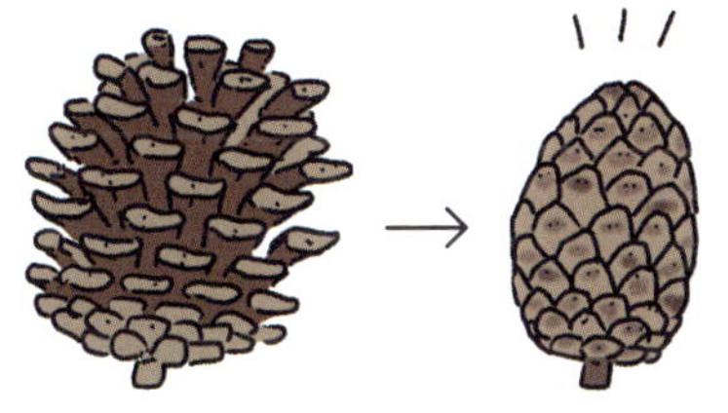

솔방울

물에 담그면 작아진다.

꼬마전구

전기가 통할 때 빛이 나는 기구. 전기 회로를 조립할 때 사용한다. 회로가 잘 연결되어 있는지, 전류 크기가 얼마나 되는지 확인하는 데 쓰인다.

→ 발광 다이오드

마요네즈 통

플라스틱의 한 종류인 폴리에틸렌(PE)이 원료인 용기. 뚜껑을 밀폐할 수 있고 비교적 부드러운 소재라서 온도와 부피의 관계를 조사하는 실험에 자주 쓰인다.

→ 부피

둥근바닥 플라스크

바닥이 공 모양인 플라스크. 다른 플라스크에 비해 가열에 강하다. 바닥이 둥글어 세울 수 없으므로 세워서 보관해야 할 때는 플라스크 받침을 사용한다.

→ 가열과 유리 기구

오른나사의 법칙

전류의 방향과 자기장 방향의 관계성을 나타내는 법칙. 전류가 흐르는 방향을 오른나사가 들어가는 방향이라고 가정할 때 전류 주위에 만들어지는 자기장의 방향은 오른나사가 회전하는 방향이 된다. 이는 오른손으로 엄지를 세운 모양으로 쉽게 외울 수 있다.

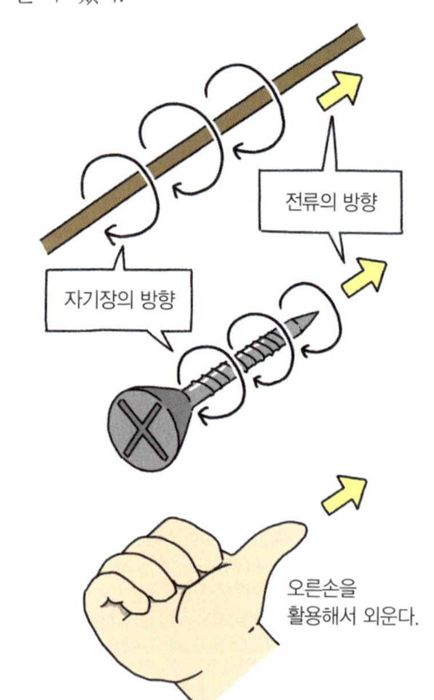

미량용 약수저

분말 시약을 아주 소량만 취하고 싶을 때 사용하는 기구. 미량용 약수저라고도 한다. 숟가락 모양 부분과 주걱 모양 부분이 있는데, 주걱 모양 쪽은 다소 날카로우므로 조심해서 다뤄야 한다.

→ 약수저

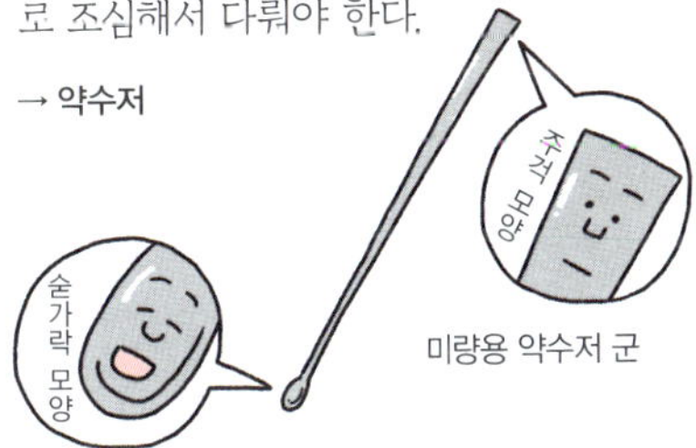

물이 스며드는 모습 관찰 실험

흙이나 모래의 입자 크기가 물이 스며드는 방식에 어떤 영향을 미치는지 알아보는 실험. 플라스틱 컵 등으로 만든 용기를 몇 개 준비하고, 하나에는 운동장 모래, 다른 하나에는 흙처럼 입자 크기가 다른 것을 각각 넣는다. 여기에 물을 주입하면 입자가 클수록 물이 빨리 스며드는 것을 알 수 있다.

→ 운동장 모래, 선생님이 직접 만든 교구

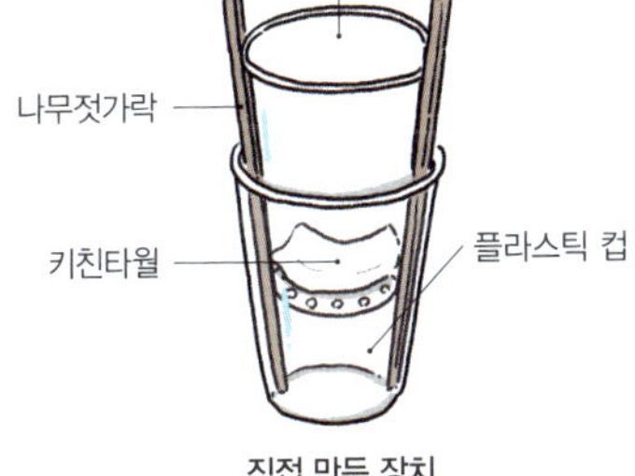

밀도

부피가 1㎤일 때의 질량. 단위는 세제곱센티미터당 그램(g/㎤). 예를 들어 물과 얼음의 경우 얼음이 더 밀도가 작으므로 얼음을 물에 넣으면 뜬다.

→ 비중

$$밀도 = \frac{질량}{부피}$$

명반

투명하며 알갱이 모양의 약품. 일반적으로 칼륨명반을 가리킨다. 명반 결정은 정팔면체이고, 재결정으로 큰 결정을 만들 수 있다.

→ 재결정

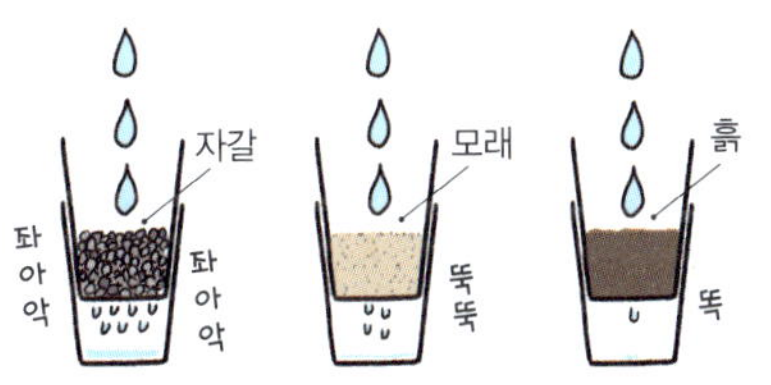

자색 양배추

———

적자색을 띤 양배추. 붉은 양배추라고도 한다. 적자색을 띠는 이유는 안토시아닌 색소 성분이 들어 있기 때문이다. 자색 양배추에서 추출한 색소는 산성·중성·염기성의 차이에 따라 색이 변하므로 pH 지시약으로 이용할 수 있다.

→ **pH 지시약**

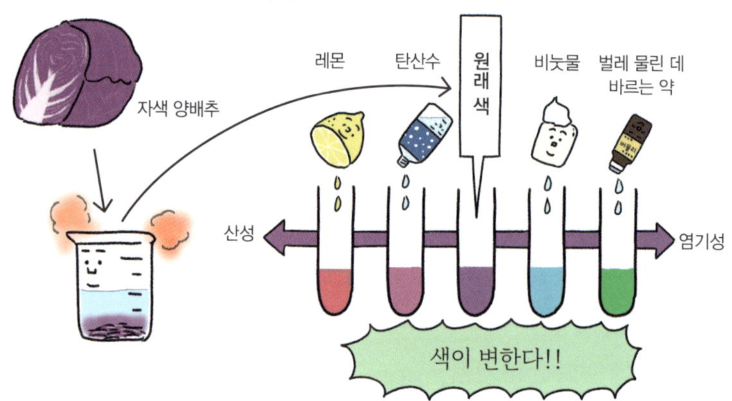

눈금실린더

———

주로 액체의 부피를 측정하는 데 사용하는 기구. 사용법에 따라 고체나 기체의 부피도 측정할 수 있다. 눈금을 읽을 때는 액면* 바로 옆에서 1눈금의 1/10까지 읽어 내야 한다.

→ 메니스커스

고체의 부피를 측정할 때

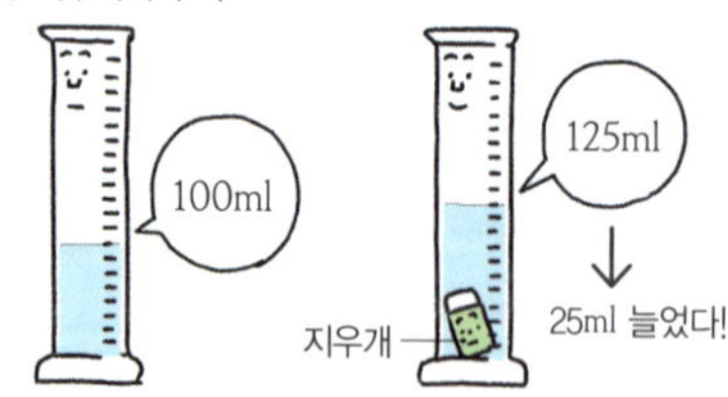

❶ 액체를 넣고 눈금을 읽는다.　❷ 고체를 넣고 늘어난 부피를 계산한다.

기체의 부피를 측정할 때

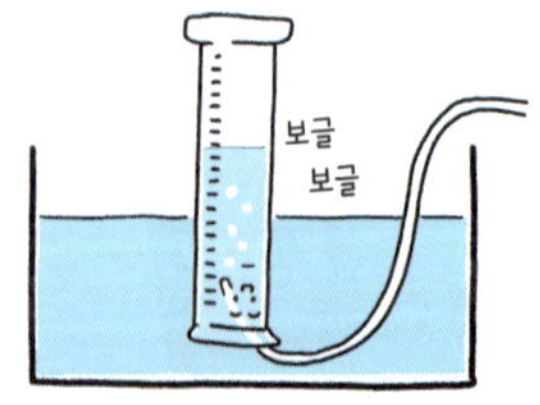

눈금실린더를 물로 가득 채우고 뒤집은 뒤 기체를 넣는다. 액체와 마찬가지로 눈금을 읽는다.

———

* 액면: 액체의 표면.

쉬어 가기 | 눈금실린더 군의 기발한 아이디어

송사리

논이나 작은 하천 등의 담수에 서식하는 소형 물고기. 과학실에서 사육하는 대표적인 생물이다. 산란이나 부화 모습, 꼬리지느러미의 혈액 관찰, 주성 관찰 등에 사용하는데, 그냥 헤엄치는 모습을 보는 것만으로도 힐링이 된다.

→ **혈액, 주성**

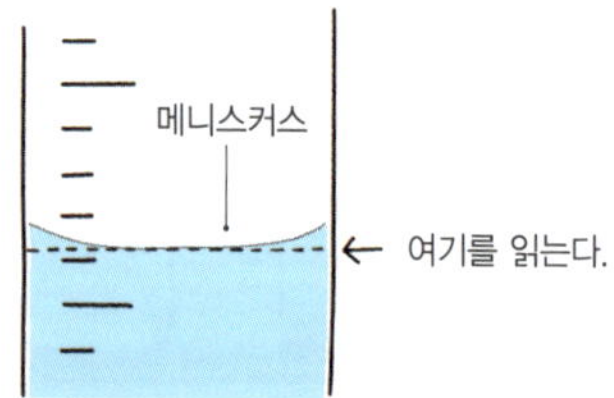

메니스커스

반원형의 액면. 예를 들어 눈금실린더에 물을 넣고 눈금을 읽을 때 그 액면은 직선이 아니라 약간 오목한 곡선을 이룬다. 이 경우 가장 아랫부분의 높이를 눈금으로 읽는다. 이를 '메니스커스의 아랫면을 읽는다'라고 한다. '메니스커스(meniscus)'는 '초승달'이라는 그리스어에서 유래되었다.

눈금의 정확도

기구에는 눈금이 새겨진 것들이 있는데 저마다 정확도가 다르다. 비커나 스포이트의 눈금은 어디까지나 대중이기 때문에 정확하지 않다. 한편 눈금실린더는 부피를 측정하는 기구이므로 눈금의 정확도가 높다. 초·중학교에서는 흔하지 않은 피펫, 눈금플라스크, 홀 피펫 등 정확도가 매우 높은 기구도 있다.

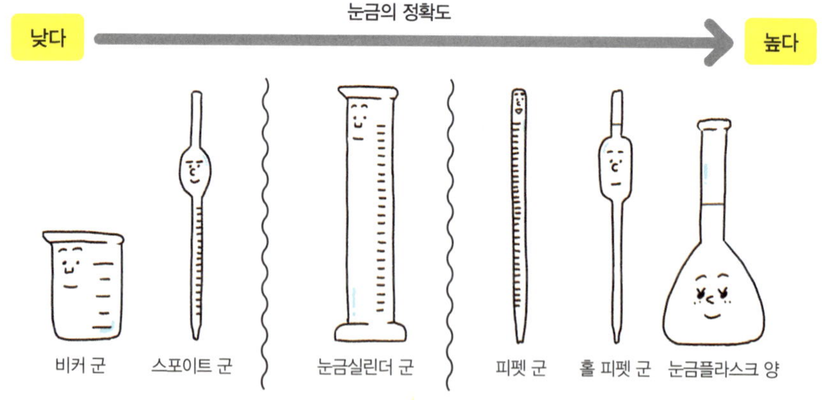

유지 보수와 점검

기구나 장치가 고장 나지 않았는지, 파손된 곳은 없는지 조사해 정상적인 상태를 유지하는 것. 안전하게 사용하고 정확한 결과를 얻기 위해서는 정기적으로 유지 보수와 점검을 실시할 필요가 있다.

→ 고칠 수 있으면 고쳐 쓴다

모세관 현상

유리관처럼 가는 관을 액체에 꽂으면 액체가 관을 따라 올라가는 현상. 실관 현상이라고도 한다. 이는 관뿐만 아니라 좁은 틈 사이에서도 일어난다. 알코올램프 심에 알코올이 스며드는 것, 휴지가 물을 흡수하는 것도 이 원리다.

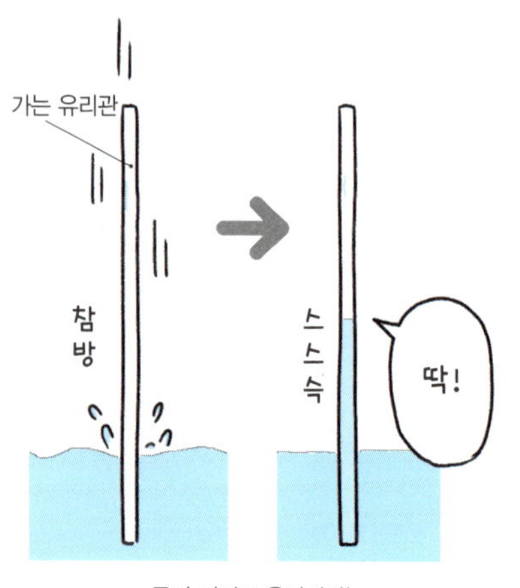

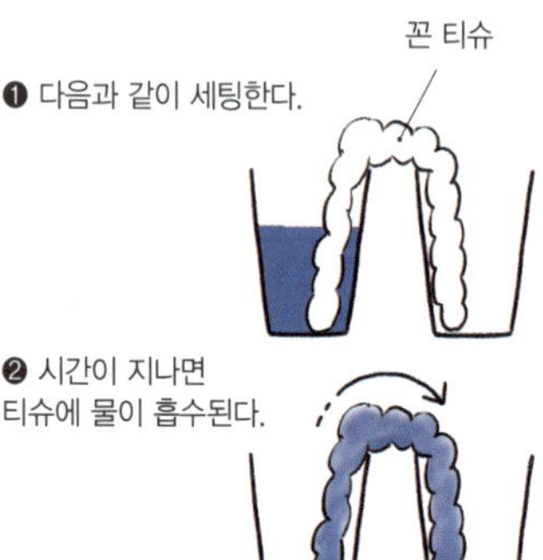

모세관 실험기

모세관 현상으로 상승하는 높이가 관의 두께에 따라 변화하는 것을 관찰할 수 있는 기구. 먼저 가장 두꺼운 관에 위에서 물을 부으면 연결된 다른 관으로 모세관 현상에 따라 물이 올라간다. 관이 가늘수록 물이 더 높이 올라간다.

→ 모세관 현상

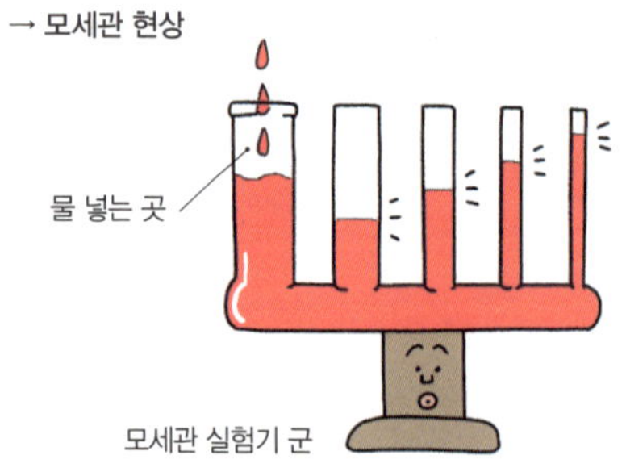

사용한 성냥 회수통

불을 붙이고 난 성냥개비를 버리기 위한 용기. 음료수나 통조림 캔을 사용하는 학교도 있다. 성냥을 사용하는 실험에서는 미리 회수통 안에 물을 조금 넣어 두는 것이 좋다.

사고 발생 시 대응법

실험을 하다가 사고가 일어나거나 부상을 입었을 때 대처하는 방법. 화재나 화상 등 여러 상황을 생각할 수 있다. 가장 먼저 원인 요소(불이나 시약 유출 등)를 안전하게 제거하거나 중지시킨다. 그런 다음 사고나 부상당한 내용과 정도를 파악하고, 차분하게 적절한 처치를 한 뒤 보건실이나 병원에 간다.

→ 안전제일, 과학실 규칙

화상을 입었을 때

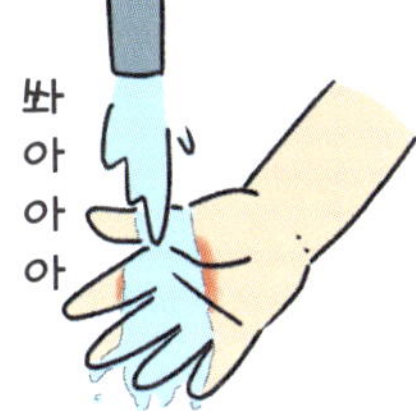

물로 15분 이상
냉각시킨다.

시약이 눈에 들어갔을 때

눈꺼풀을 크게 벌려
물로 15분 이상 씻는다.

유독 가스를 마셨을 때

과학실 밖으로 나가
신선한 공기를 마신다.

약품을 잘못 삼켰을 때

다량의 물을 마시고
약품을 토해 낸다.

노트에 불이 붙었을 때

젖은 걸레나 물, 모래를 끼얹는다
(물론 소화기도 가능).

옷에 불이 옮겨붙었을 때

물을 끼얹거나 바닥에
굴러서 불을 끈다.

약사

병원이나 약국에서 약을 조제하거나 환자에게 약에 대한 설명을 하는 사람(국가면허증이 필요). 학교에서는 보건교사가 약품 관리나 위생에 관한 지도를 한다.

→ **약품, 약품 관리**

약수저

알갱이나 분말 약품을 용기에서 꺼낼 때 사용하는 기구. 한쪽은 숟가락 모양이고 다른 쪽 끝은 약간 오목하게 되어 있다. 약품을 많이 풀 때는 숟가락을, 적게 풀 때는 오목한 쪽을 사용한다. 약포지와 세트로 사용하는 경우가 많다.

→ **미량용 약수저, 약포지**

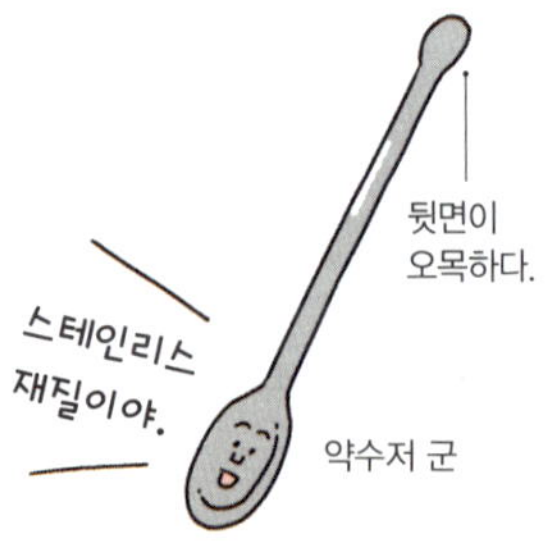

약품

실험에 쓰이는 화학 물질. 시약이라고도 한다. 과학실에는 암모니아수나 염산, 염화나트륨, 과산화 수소수, 이산화 망가니즈, 아이오딘액 등 다양한 약품이 있다. 기본적으로 쓰고 남은 약품은 본래 용기에 다시 넣으면 안 된다.

→ **폐액용 탱크**

약품 관리

선생님이 과학준비실에서 시행하는 업무 중 하나. 실험에서 사용하는 약품은 성질이나 인체에 대한 영향 등이 다르므로 각각 방법에 맞게 보관해야 한다. 약품의 구입과 사용, 폐기할 때는 그 양을 기록해 두는 것이 좋다.

→ **시약장**

약품 관리 노트

시약장

———

약품을 수납·보관하는 장. 항상 잠겨 있어야 하고, 학생들이 출입할 수 없는 장소에 설치되어 있다. 쓰러지지 않도록 금속 장치로 벽이나 바닥에 고정하는 것이 좋다. 위험 시약은 환기가 되는 시약장에 별도로 보관한다.

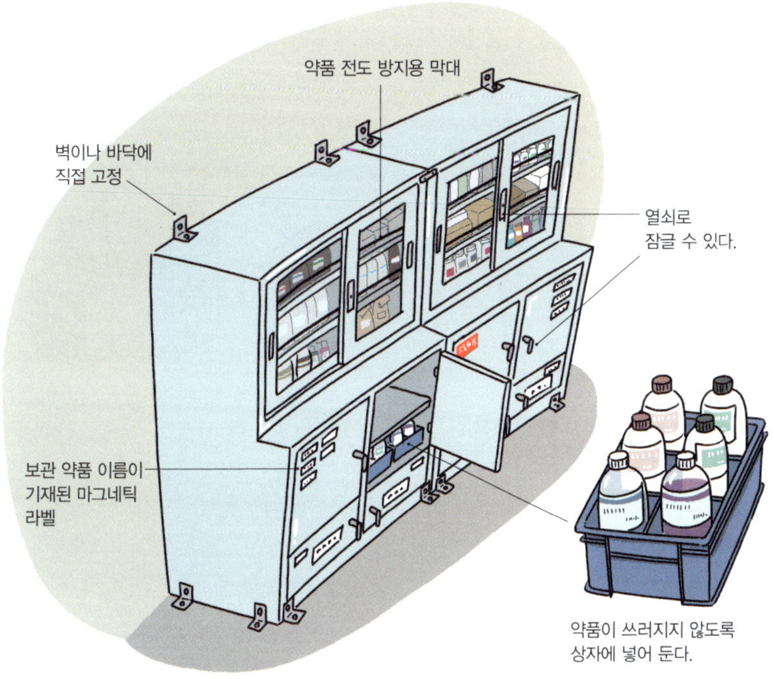

약포지

———

알갱이나 분말의 시약을 저울에 덜 때 밑에 깔아 놓는 종이. 무게를 잰 시약을 싸서 잠시 보관하기에 편리하다. 매끈한 파라핀지로 되어 있어 약품을 비커 등에 쉽게 옮겨 넣을 수 있다.

→ 약수저

바닥을 바로 물걸레로 닦지 말 것

과학실을 청소할 때 주의해야 할 것 중 하나. 과학실 바닥에는 모르는 사이 흘린 시약이나 깨진 유리 조각이 떨어져 있을 가능성이 있다. 그래서 바닥을 물걸레로 바로 닦아 버리면 물과 시약이 반응하거나 유리 때문에 다칠 위험이 있으므로 과학실 바닥을 청소할 때는 빗자루나 밀대를 사용한다.

→ 걸레

김

수증기가 공기 중에서 냉각되어 미세한 물방울이 된 것. 기체일 것 같지만 사실은 액체다. 공기 중에 생긴 미세한 물방울이 빛의 난반사로 하얗게 보이는 것이다.

→ 수증기, 난반사

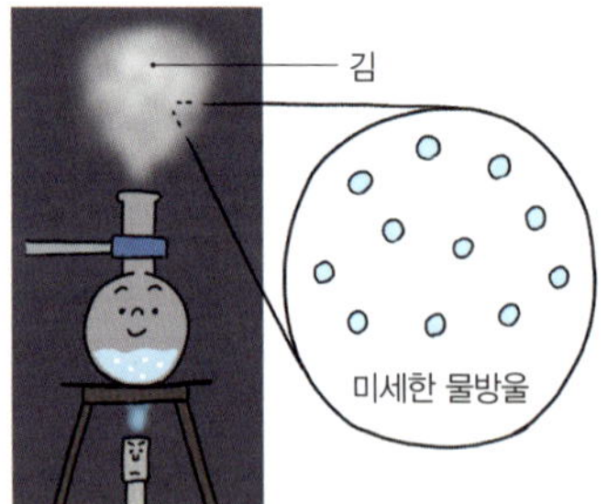

물중탕

직접 불로 가열하지 않고 온수에 담가 간접적으로 가열하는 것. 천천히 가열해야 할 경우나 에탄올처럼 인화하기 쉬운 액체를 가열할 때 사용하는 방법이다.

→ 가열

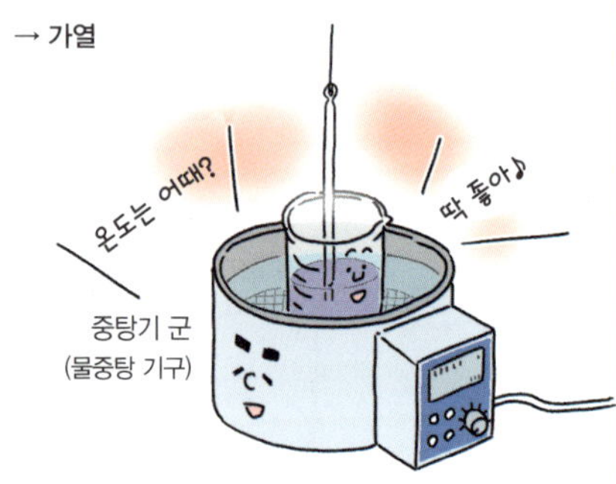

용해

물질이 액체에 녹아 투명하고 균일한 상태로 되는 것. 고체뿐 아니라 액체끼리, 기체가 액체에 녹는 것도 포함된다. 이때 물질이 용해된 액체를 용액이라고 한다.

→ 수용액

그럼 오늘은 용해와 융해에 대해 알아봅시다.
네~

액화 질소 군! 그건 '요괴'이고, 이건 '용해'예요. 헷갈리지 마세요.
요괴 가면

…본론으로 들어가죠.
두 용어의 뜻은 다음과 같아요.

용해
물질이 액체에 녹아서 균일해지는 것

융해
고체가 액체로 변화되는 것

발음도 비슷하고 뜻도 비슷해서 헷갈린다.
음~
그러게~

그리고 '용융'이라는 용어도 있어요.
용융은 융해와 거의 같지만, 금속이나 유리가 액체로 될 때 사용하는 경우가 많아요.
또한…
어려워…
재잘 재잘
복잡해~~~

헷갈리지만 외우자!

아이오딘액

아이오딘-아이오딘화 칼륨 용액이라고도 하는 갈색 액체. 아이오딘 녹말 반응 실험을 할 때는 50배 정도 희석해서 사용한다. 10배로 희석하면 가글약(아이오딘 함유)으로 사용할 수 있다.

→ 아이오딘 녹말 반응

아이오딘 녹말 반응

녹말이 들어 있는지 알아보는 반응. 아이오딘이라는 물질이 녹말과 결합하면 청람색이 되는 현상을 이용한 것이다. 예를 들어 감자에는 녹말이 많으므로 감자 단면에 아이오딘액을 떨어뜨리면 청람색으로 변한다. 이 반응은 잎의 광합성이 일어나는 위치나 침에 의한 녹말 분해를 조사하는 실험에 사용된다.

→ 진동 반응, 침, 녹말

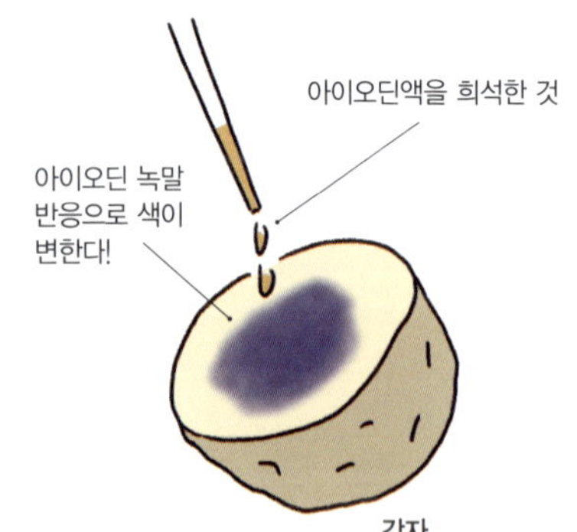

엽록체

식물의 잎이나 줄기의 세포 안에 있는 녹색을 띤 작은 입자. 광합성이 일어나는 장소다. 녹색의 색소 성분은 엽록소(클로로필)라고 불리며 빛 에너지를 흡수하는 작용을 한다.

→ 광합성

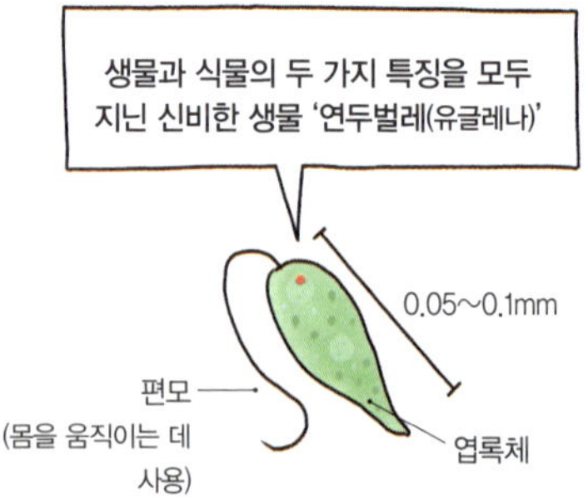

움직일 수 있고 광합성을 하며 스스로 영양분을 만들어 낼 수 있다.

라이덴병

정전기를 모으는 실험에 쓰이는 기구. 플라스틱 컵과 알루미늄박으로 간이 라이덴병을 만들 수 있다.

→ 정전기

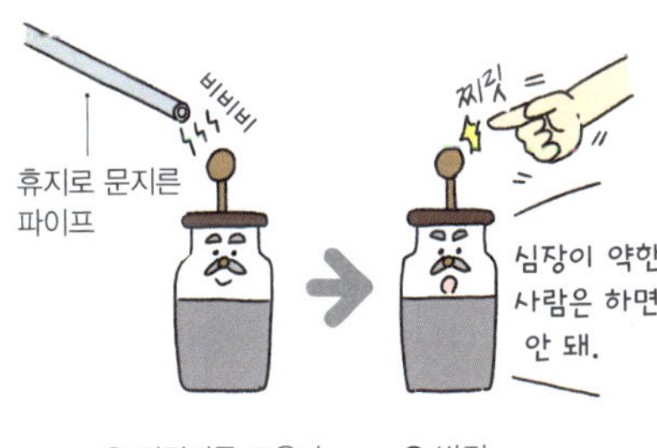

라디오미터

진공 유리 용기 안에 앞면은 검은색, 뒷면은 흰색 날개 네 장이 들어 있는 기구. 날개에 빛이 닿으면 검은색과 흰색의 빛을 흡수하는 차이에 따라 용기 안의 공기가 이동하면서 날개가 회전하는 원리다. 현재는 과학 수업에서 거의 사용되지 않으며 가끔 전시 코너에서 볼 수 있다.

→전시 코너

라벨

과학실을 효율적으로 이용하는 데 유용한 아이템. 실험기구나 도구를 수납하는 장의 서랍이나 바구니에 붙인다. 수납 물건의 이름뿐만 아니라 '뒤집어서 수납할 것', '플라스틱 페트리디시는 위, 유리제는 아래' 등의 주의 사항을 적어 놓는 것도 좋다.

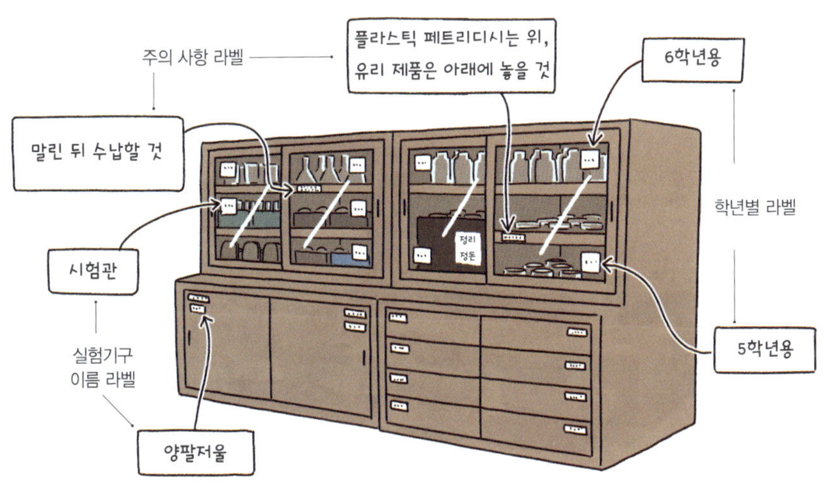

난반사

요철이 있는 면에 닿은 빛이 여러 방향으로 반사하는 것. 우리 주변의 물건은 대부분 난반사를 일으키는데, 대표적인 예가 얼음이다. 투명하고 깨끗한 큰 얼음도 빙수처럼 잘게 부수면 투명하지 않고 하얗게 된다. 이는 여러 자잘한 얼음의 표면에서 빛의 난반사가 일어나기 때문이다.

→ 빛의 반사

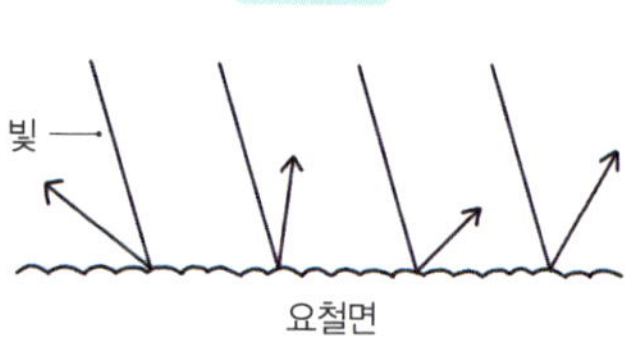

도선

전기가 잘 통하는 구리선을 전기가 잘 통하지 않는 소재로 피복한 것. 전선이라고도 한다. 코일을 만들거나 전기 회로를 연결할 때 사용한다. 도선 양 끝에 집게가 달린 것도 있고 집게 모양에 따라 종류가 다양하다.

→ 에나멜선, 회로

과학 교과

학교 교육의 교과목 중 하나. 생물이나 물질, 현상의 원리와 법칙, 그리고 이들을 규명한 실험 방법이나 관찰 방법 등을 학습한다. 물리, 화학, 생물, 지구 과학 분야로 나뉜다.

과학 교육 뉴스

신문사에서 발행하는 게시용 포스터. 실험이나 관찰, 원소나 광물 등의 다양한 정보를 대형 사진과 글자로 소개한다. 보는 것만으로도 흥미를 유발한다. 보통 과학실 벽이나 과학실 앞의 복도에 붙어 있다.

과학 교육 뉴스 포스터

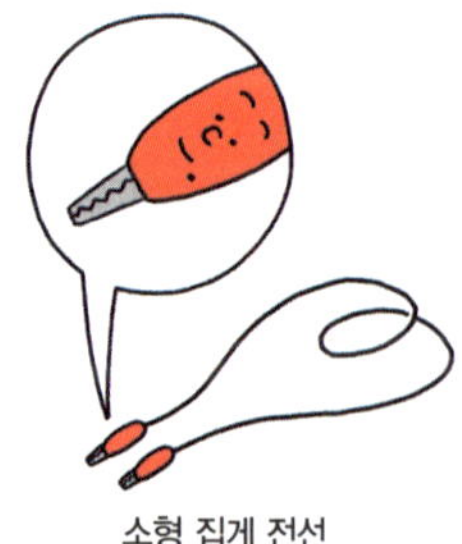

소형 집게 전선
자주 쓰이는 타입

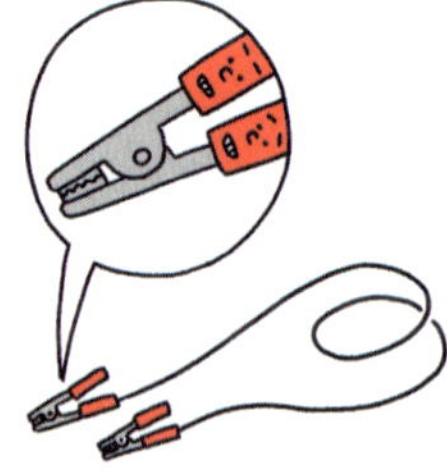

대형 집게 전선
굵은 것을 집을 때 편리

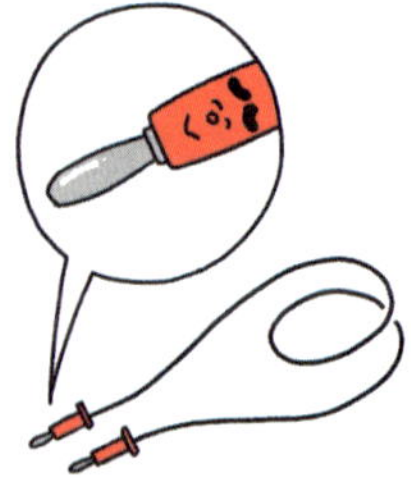

바나나 케이블
단자에 꽂는 타입

과학 교재 카탈로그

실험기구나 교재를 구매할 때 참고하는 두꺼운 책. 흔히 과학준비실이나 교무실에 비치되어 있다.

과학실

과학 실험과 관찰을 하는 교실. 실험기구와 장치, 실험대 등이 설치되어 있다. 초등학교는 보통 한 개이지만 중·고등학교는 두 개 이상인 곳도 많다.

과학실 분위기

다른 교실에서는 느낄 수 없는 과학실만의 독특한 분위기가 있다. 전시 코너에 있는 표본이나 모형, 과학실 수납장에 진열된 비커나 플라스크, 현미경, 인체 모형 등이 과학실 특유의 분위기를 만들어 낸다.

과학실 규칙

과학실에서 사고나 부상을 예방하기 위해 지켜야 할 것들. 모든 실험·관찰에서 지켜야 할 공통 규칙으로, 모두가 볼 수 있게 벽에 붙여 놓는 경우가 많다. 규칙을 철저히 지켜 안전하고 즐거운 실험이 되도록 하자.

→ 안전제일, 주의 안내문

과학실 규칙의 예

> **과학실 규칙**
>
> · 뛰거나 장난치지 말 것
> · 책상 위에 불필요한 물건을 올려놓지 말 것
> · 기구나 시약을 마음대로 만지지 말 것
> · 사고나 부상이 생기면 사소한 경우라도 선생님께 즉시 알릴 것
> · 관찰과 실험을 할 때는 다 같이 협력할 것

과학준비실

선생님이 실험 재료나 시약 관리 등을 하는 교실. 오래된 기구나 장치를 보관하기도 한다. 학생은 출입이 금지되어 있으므로 열쇠로 문을 잠가 놓는다.

역학용 수레

직사각형 함에 바퀴가 달린 실험용 수레. 물체의 운동을 학습할 때 쓰인다. 기록 타이머와 세트로 많이 사용하며 경사면을 이동할 때의 속도 변화 등을 조사하는 실험에 활용된다.

→ 기록 타이머

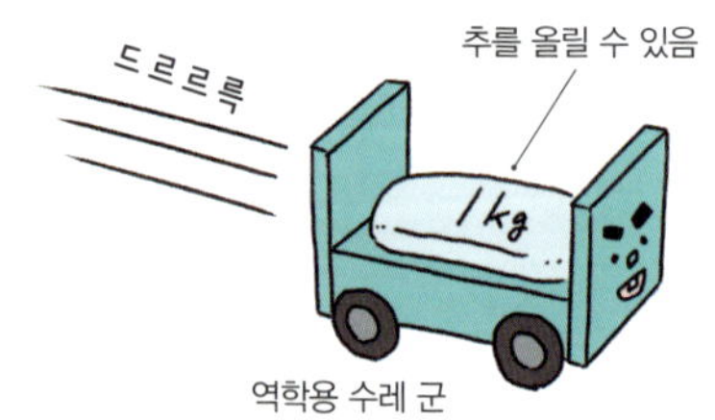

역학적 에너지 보존의 법칙

물체가 가지는 운동 에너지와 위치 에너지의 합(역학적 에너지)은 항상 일정하다는 법칙(공기 저항이나 마찰을 무시할 때). 운동 에너지는 물체가 무겁고 빠를수록 크고, 위치 에너지는 물체가 무겁고 높은 위치에 있을수록 크다.

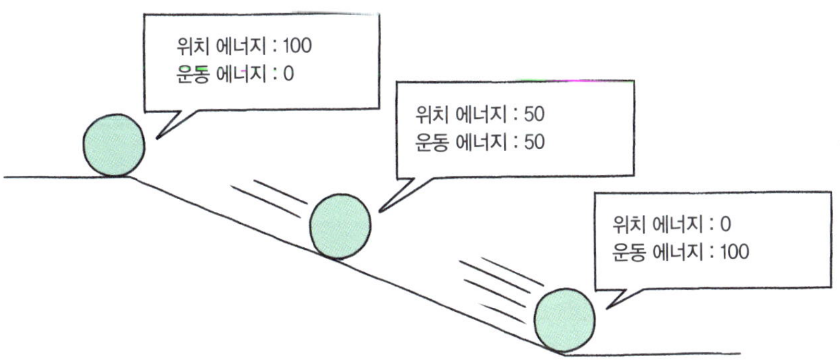

리트머스 종이

액체의 산성, 중성, 염기성을 조사하기 위한 종이. 리트머스 시험지라고도 한다. 파란색과 빨간색 두 종류가 있다. 원래는 리트머스 이끼라는 식물에서 추출한 색소를 사용했으나 지금은 화학적으로 제조된 색소 성분을 사용한다.

쉬어 가기 | 우리는 세트야

파란색 리트머스 종이 군이랑 싸워서 말인데… 오늘은 나만 실험해도 괜찮을까?
음… 그래, 일단 해보지 뭐.

그럼 시작한다.
그래~

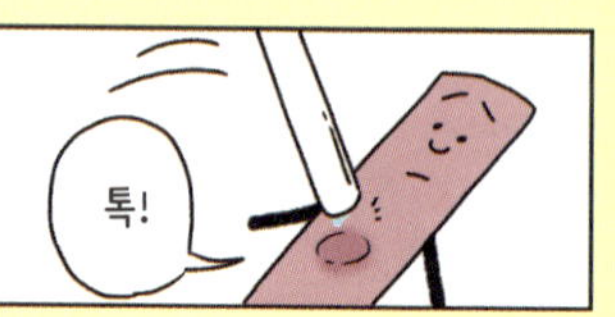

톡!

변화가 없네… 그럼 이 액체는 산성 또는 중성인데…
어느 쪽인지 알 수가 없네.
역시 혼자서는 안 되는구나….

…나 왔어.

아까는 미안했어…
파란색 리트머스 종이 군!!

나도 잘못했어. 미안~
후우

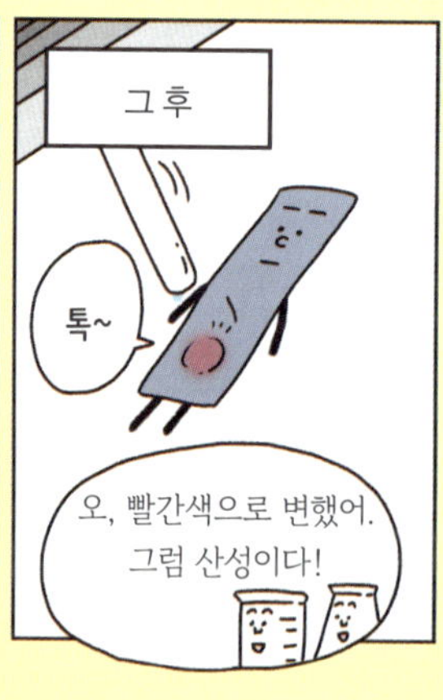

그 후
톡~
오, 빨간색으로 변했어. 그럼 산성이다!

너희는 역시 꼭 붙어 있어야 해!
응응
맞아

우린 항상 같이 있어야 돼!

황화 수소

달걀 썩은 듯한 냄새가 나는 무색의 유독
한 기체. 온천 지역에서 나는 황 냄새의 정
체가 황화 수소다. 실제로 온천 지역에서
고농도 황화 수소 가스 중독 사고가 발생
한 사례도 있나.

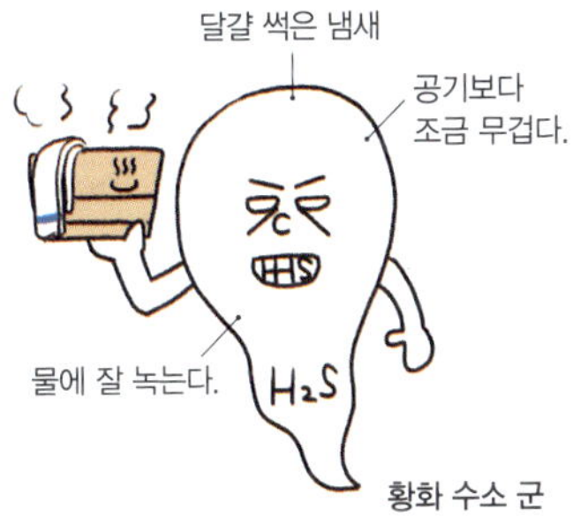

두 손으로 잡기

실험기구나 장치를 옮길 때 지켜야 하는
규칙 중 하나. 커다란 비커나 플라스크, 현
미경이나 윗접시 저울 등은 떨어뜨리면 깨
지거나 고장 날 가능성이 있으므로 반드시
두 손으로 잡고 옮겨야 한다.

돋보기

작은 물체를 확대해서 보기 위한 기구. 확
대경 또는 루페라고도 한다. 주로 식물이
나 광물, 곤충 등을 관찰할 때 쓰인다. 돋
보기로 직접 태양을 바라보면 실명할 위험
이 있으므로 절대 금지다. 빛을 한 점에 집
중시키면 불이 날 위험이 있으므로 함부로

사용하면 안 된다.

→ **하면 안 되는 일들**

냉각기

기체가 된 물질을 냉각시켜 액체로 만드는
기구. 냉각관이라고도 한다. 증류 실험 등
에 쓰인다. 장치를 조립하는
것이 어렵고 수돗물이 꼭
필요하므로 초·중학교에
서는 잘 쓰지 않는다.

→ **증류**　　　　리비히 냉각기 군

렌즈

빛을 모으거나 분산시키는 작용을 하는
물체. 플라스틱이나 유리와 같은 투명한 소
재로 되어 있다. 크게 볼록 렌즈와 오목 렌
즈로 나눌 수 있다. 빛의 굴절을 학습하는
실험에 사용하며 안경, 카메라, 망원경 등
일상에서도 널리 활용된다.

→ **빛의 굴절**

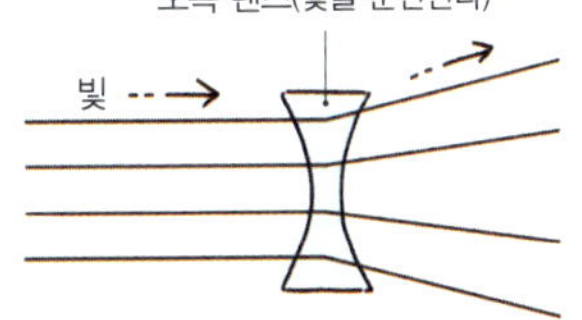

양초

———

일정 시간 불을 밝힐 수 있는 도구. 기름의 일종인 고체 물질 납(wax) 안에 심지가 들어 있는 구조로 되어 있다. 물질의 연소를 학습할 때 사용한다.

→ 집기병

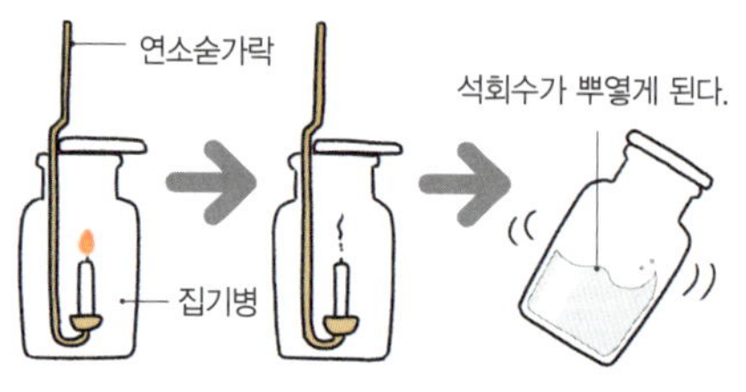

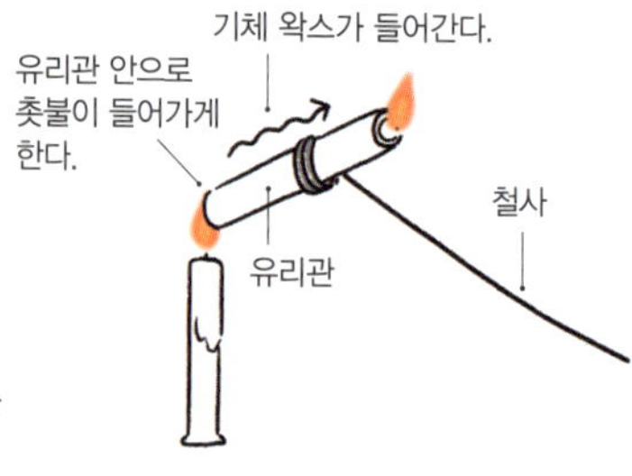

촛대

———

중심에 바늘이 달린, 양초를 세우기 위한 판. 양초의 촛불 관찰이나 유리종을 덮어서 공기의 출입과 연소 관계를 관찰할 때 쓰인다. 간혹 촛농이 묻어 있거나 그을린 부분이 있다.

→ 선생님이 직접 만든 교구, 유리종

깔때기

———

거름에 사용하는 기구. 거를 때는 여과종이를 깔때기에 끼우고 물로 약간 적신 다음 사용한다. 깔때기 끝의 뾰족한 쪽을 비커 벽면에 닿게 하면 액체가 수월하게 통과한다.

→ 거름

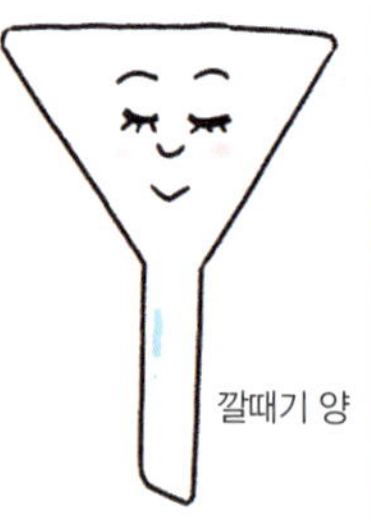

깔때기대

———

깔때기를 세팅하고 고정하는 기구. 깔때기나 비커 크기에 따라 높이를 조절할 수 있다.

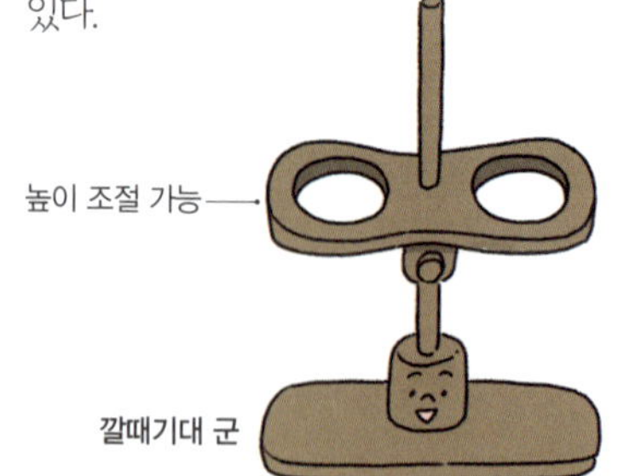

거름

혼합물을 분리하는 방법의 한 종류. 물질의 크기 차이를 이용해 액체에서 고체 물질을 분리할 때 실시한다. 거름종이, 깔때기, 유리 막대 등이 필요하다. 종류는 크게 자연 거르기와 흡인 거르기가 있다. 둘 다 유리 막대를 사용해 액체를 따르는데, 실수로 유리 막대 끝으로 여과지를 찢어 버릴 때가 있다. 이런 경우, 속상하지만 어쩔 수 없이 다시 해야 한다.

→ 혼합물, 실수

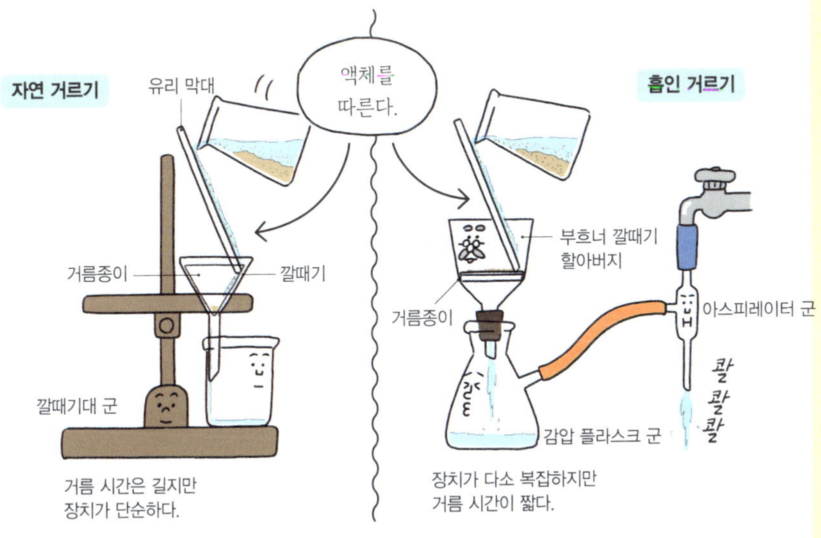

거름종이

거름에 사용하는, 매우 작은 틈새가 있는 원형 종이. 거름의 틈새를 통과하지 못하는 고체 물질이 거름종이 위에 남는 것이 거름의 원리다. 거름종이를 접을 때 모서리를 조금 찢어 놓으면 거름종이가 깔때기에 잘 밀착된다.

와인 증류

증류를 학습하는 실험 중 하나. 증류로 와인의 알코올 성분인 에탄올을 추출할 수 있다. 적색 와인에서 무색투명한 에탄올이 나오는 색의 변화를 관찰하는 것도 재미있다.

→ 증류

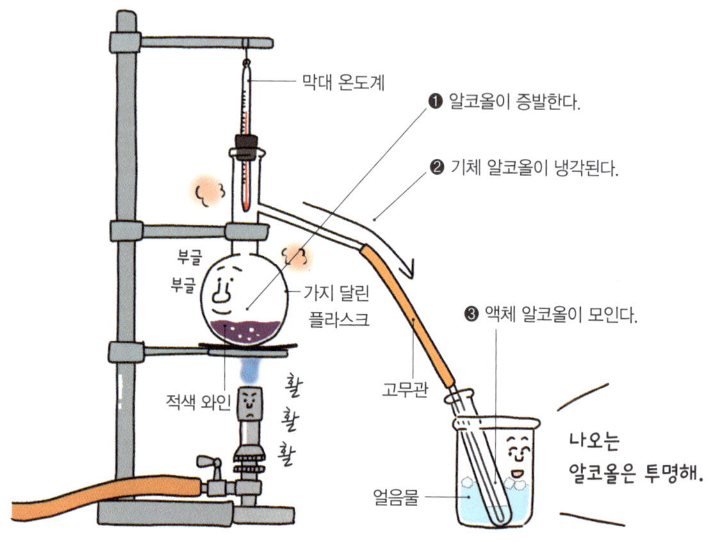

설렘

과학실에 들어갈 때나 실험 또는 관찰할 때 느끼는 감정. 과학이라는 교과는 학습하는 것도 중요하지만 '즐기는 것' 또한 중요하다. 이런 감정은 연구에도 중요하며, 과학자라면 누구나 느낄 것이다.

분실된 교과서와 노트

과학실에 남겨진 불쌍한 것 중 하나. 실험대 아래에 넣어 두고 깜빡 잊는 경우가 있다. 수업이 끝났다고 좋아하다가 저지르기 쉬운 행동이다.

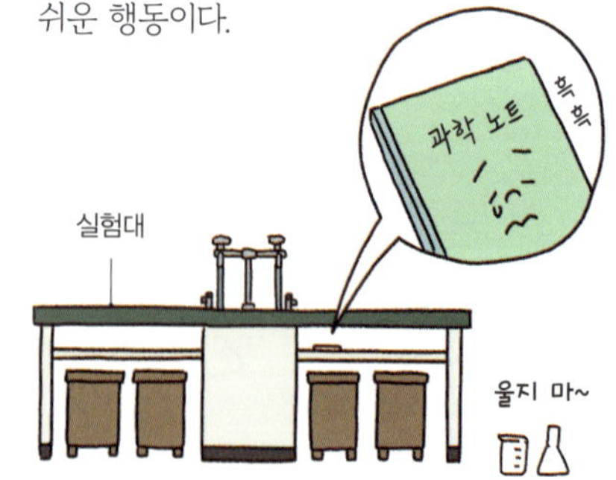

쉬어 가기 | 과학실에 남겨진 과학 노트

과학실에서 또 같이 실험하자.

바셀린

백색의 끈적끈적한 반고형상 물질. 증산 작용 실험에서 잎의 기공을 막을 때 자주 쓰인다. 이 실험을 통해 잎의 겉면과 뒷면 중에서 어느 쪽에 기공이 더 많은지 알아

볼 수 있다.

→ 기공, 증산 작용

바셀린을 이용해 잎의 증산량을 알아보는 실험

❶ 그림과 같이 A와 B를 준비해 전체 무게를 잰다.

❷ 몇 시간 동안 그대로 둔다.

❸ 전체 무게를 재서 물의 감소량 (증산량)을 계산한다.

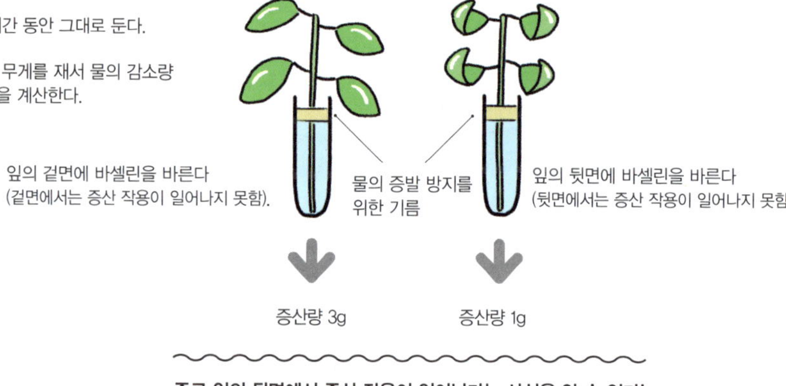

주로 잎의 뒷면에서 증산 작용이 일어난다는 사실을 알 수 있다!

깨진 유리 기구

학생들끼리 처리하면 안 되는 위험한 것. 유리 기구는 반드시 금이 가 있는지 확인한 뒤 사용한다. 만약 실험 중에 깨지면 선생님께 즉시 알린다. '약간 이가 나갔지만, 뭐 어때' 하고 그냥 사용하는 것도 절대 안 된다. 손으로 잡거나 씻을 때 다칠 위험이 있고 다음 사람이 사용하다가 깨질 수도

있어 미리 치워 놓아야 한다.

→ 유리, 쓰레기통

자색 양배추 vs 자색 고구마

· 자색 양배추 → p.176

곰손이지만 열정이 중요해

· 라디오미터 → p.187

먼저 일러 두겠는데, 이건 실화입니다(사실 이 책의 칼럼 내용은 모두 실화이지만요).

본론으로 들어갈게요. 자색 양배추의 색소액 실험은 정말 자주 하는 편입니다. 색 변화를 알기 쉽고 색도 예쁘고, 무엇보다 색소액이 안전하고 사용하기에 편리하기 때문입니다. 한 가지 문제는 자색 양배추가 나오는 계절이 한정되어 있다는 거예요. 요즘에는 시기가 좀 길어졌지만, 계절에 따라서는 찾기 어려운 귀한 재료입니다. '그럼 제철일 때 색소액을 많이 만들어 비축해 놓으면 되잖아?'라고 생각하시겠죠? 그런데 그건 아주 중요한 사실을 놓치는 겁니다(사실 저도 놓쳤어요).

색소액은 이른바 '자색 양배추 수프'입니다. 수프는 오래되면 썩잖아요. 썩으면 냄새가 어마어마하죠. 냄새는 실험실 안에 널리 퍼져 콧구멍 깊숙이 오래도록 남습니다. 마음속 깊이 오래 남는 실험이 될 수도 있습니다(이걸 흔히 트라우마라고 하죠).

그래서 보존할 필요가 있을 때는 말린 자색 고구마 가루를 사용합니다. 빛깔 차이는 약간 있지만, 같은 안토시아닌 계열 색소이고 가루라서 오래 보존할 수 있습니다. 필요할 때 바로 물에 풀어 색소를 추출한 뒤 윗부분의 액체만 사용합니다.

전등 빛을 받으며 조용히 돌고 도는 라디오미터가 혹시 여러분 학교 실험실에 있다면 꼭 보세요. 라디오미터의 원리는 공기의 움직임이 발생하기 때문이에요. 원리에 대한 논의가 오랫동안 이어질 정도로 그 원리를 바로 이해하기는 어렵습니다. 이 마술 같은 신비로움이 매력 중 하나인데, 아름답기까지 합니다. 날개 면이 반짝반짝 빛을 반사하면서 회전하는 것이 흡사 빛이 빙글빙글 도는 LED 회전 경고등 같습니다(사실 분위기는 완전히 달라요. 훨~씬 신비롭죠). 밤새도록 쳐다볼 수 있을 것 같아요.

그러면 직접 만들어 보고 싶어지는 게 인지상정 아니겠습니까? 당연히 만들어 봤습니다^^. 알루미늄박의 한 면을 무광 검정으로 칠해 날개를 만들고 바늘 끝에 올려 최대한 큰 유리병으로 덮었어요. 정밀 가공 같은 건 완전 젬병이라, 대충대충 만들고 나중에 미세 조정하면 어떻게든 되겠지 했는데, 하늘은 가끔 곰손에게도 성공의 영광을 허락하시더군요! 지름 6cm 정도의 날개가 천천히 돌기 시작할 땐 정말 소름이 돋았어요. 우쭐해져서 그 뒤로도 몇 번 만들어 봤는데, 귀찮다고 미세 조정을 소홀히 하면 절대로 움직이지 않습니다. 하늘은 곰손에게는 자비로우시나 게으름뱅이에겐 매우 냉정하셨습니다… 깨달음~ ♪.

―야마무라 신이치로

맺음말

이 책은 일부 예외도 있지만 주로 초·중학교에서 배우는 과학 교과목에 나오는 용어를 모았습니다. 과학을 비롯한 다른 학문도 마찬가지로 고등학교나 대학교로 올라갈수록 관련 용어가 더욱 늘어납니다. 특히 대학교에서 연구하게 되면 자신의 전문 분야로 범위가 좁혀지므로 용어 또한 더욱 세세하게 분류해서 이해할 필요가 생깁니다. 물을 예로 들면, 화학 실험에서는 물속의 다른 성분(불순물)이 방해될 때가 있기 때문에 이 불순물을 제거한 물을 사용합니다. 불순물을 제거한 물을 '정제수'라고 하는데, 이 정제수에도 증류수, 탈이온수(이온 교환수), 초순수, 역침투수 등 여러 종류가 있습니다. 각각의 의미를 설명하자면 너무 길어지므로 생략할게요.

중요한 것은 실험에서 어떤 물을 사용하느냐에 따라 결과가 달라지기 때문에 구분해서 사용할 필요가 있다는 것입니다. 이렇게 분류해서 사용하는 것을 귀찮아하는 사람도 있겠지만, '이렇게 구분해서 사용하는구나', '이런 용어들이 있구나' 하고 흥미를 느끼는 사람도 있을 것입니다. 저도 그런 사람 중 하나였습니다.

저는 원래 화장품 제조 회사에서 모발 관리 제품을 연구 개발하는 연구원이었습니다. 아직 새내기 연구원일 때, 개발 중이던 헤어 왁스가 원래 흰색이었는데 몇 달 뒤 연한 갈색으로 변해 있었습니다. '이게 뭐지? 무슨 일이 벌어진 거지?' 고민하고 있는데, 선배 연구원이 "아, 이건 마이야르 반응(Maillard reaction)이 일어난 걸 거야"라고 알려 주셨어요. 마이야르 반응이란 화학 반응의 일종입니다. 쉽게 말하면 당의 탄소 부분과 아미노산의 질소 부분이 결합하면서 일어납니다(다른 부분의 결합도 있고요). 하지만 저는 당시 '마이야르 반응'이라는 용어를 몰랐습니다. 그래서 열심히 문헌들을 찾아 읽고 그 반응을 공부했는데, 새로운 용어와의 만남에 무척 설렜

던 기억이 납니다.

그렇게 마이야르 반응을 조사하다가 이 반응이 일상에서도 흔히 일어난다는 것을 알게 되었습니다. 특히 요리할 때 자주 일어납니다. 예를 들어 고기를 구우면 좋은 냄새가 난다든지, 양파를 볶으면 갈색으로 변하는 것도 마이야르 반응입니다. 이 밖에 구운 빵이나 커피, 초콜릿의 색도 이 반응과 관련이 있습니다. 마이야르 반응은 우리가 먹는 음식의 색과 향을 좋게 만들어 일상적으로 이 반응을 이용하는 거죠. 이처럼 하나의 용어를 알면 세상을 바라보는 관점이 바뀌기도 합니다.

이 책을 읽은 초중생들은 앞으로 고등학교, 대학교로 진학하면서 수많은 용어를 접할 텐데, 그때마다 저처럼 설렘을 경험하면 좋겠어요. 그리고 거기서부터 세상을 바라보는 시야를 더욱 넓혀 나가길 바랍니다.

마지막으로, 이 책을 만드는 데 협조해 주신 학교 관계자 여러분께 진심으로 감사드립니다. 그리고 이번에도 칼럼을 써주신 야마무라 선생님, 디자이너 사토 씨와 나카야마 씨, 편집자 와타라이 씨 덕분에 정말 재미있는 책이 완성되었습니다.

이 책이 초·중학교 과학실에 비치된다면 기쁠 것 같습니다.

여러분, 과학실을 즐깁시다!

우에타니 부부

감사의 말

아오야마 가쿠인 초등부, 아오야마 가쿠인 중등부, 교토부 교토 시립 슈가쿠인 초등학교, 교토부 기즈가와 시립 기즈 제2중학교, 쓰쿠바 대학 부속 초등학교, 나라현 가시바 시립 가마다 초등학교, 나라현 가시하라 시립 우네비 히가시 초등학교, 나라현 야마토다카다 시립 가카시오 중학교 등에서 과학실과 과학준비실의 취재를 허락해 주신 덕분에 이 책을 완성할 수 있었습니다.

또한 주식회사 우치다요코, 케니스 주식회사, 주식회사 시마즈리카, 주식회사 쇼년샤신신분샤, 주식회사 샤토카이, 주식회사 나리카, 일본제지 크레시아 주식회사, 주식회사 야가미 등의 기업체에서 협조해 주셔서 진심으로 감사드립니다.

참고문헌

- 가토 슌지(加藤俊二)·다케무라 후쿠오(竹村富久男), 매일 만나는 화학 용어(日々に出会う化学のことば), 화학동인(化学同人), 1991.
- 개정판 포토사이언스 화학 도록(改訂版 フォトサイエンス化学図録), 스우켄출판(数研出版), 2013.
- 나리카 과학기기 종합 카탈로그 2023~2024년도판(ナリカ 理科機器総合カタログ2023·2024年度版), 나리카(ナリカ).
- 니케이 아오이(日下石碧), 꽃가루 핸드북(花粉ハンドブック), 분이치종합출판(文一総合出版), 2023.
- 미요시 요시아키(三好美覚), 중학교 과학 수업 소재 100(中学校理科授業のネタ100), 메이지도서출판(明治図書出版), 2017.
- 사마키 다케오(左巻健男), 재미있는 과학 수업의 비법(おもしろ理科授業の極意), 도쿄서적(東京書籍), 2019.
- 사마키 다케오(左巻健男) 외, 과학 실험 안전 매뉴얼(理科の実験 安全マニュアル), 도쿄서적(東京書籍), 2003.
- 사이토 다카오(齊藤隆夫) 감수, 슈퍼 과학사전(スーパー理科事典) 4정판, 주켄켄큐샤(受験研究社), 2013.
- 삼정판 포토사이언스 생물 도록(三訂版 フォトサイエンス生物図録), 스우켄출판(数研出版), 2016.
- 스즈키 다케오(鈴木庸夫) 외, 초목의 종자와 열매(草木の種子と果実), 세이분도신코샤(誠文堂新光社), 2018.
- 시마즈리카 이화학 기기 카탈로그(島津理化 理化学機器カタログ), 시마즈리카(島津理化), 2022.
- 아오노 히로유키(青野裕幸), 중학교 과학 관찰·실험 아이디어 50(中学校理科 観察·実験のアイデア50), 메이지도서출판(明治図書出版), 2018.
- 야가미 과학 기기 종합 카탈로그 2023~2024년도판(ヤガミ 理科機器総合カタログ2023·2024年度版), 야가미(ヤガミ), 2024.
- 야마구치 아키히로(山口晃弘) 외, 중학교 과학실 핸드북(中学校 理科室ハンドブック), 대일본도서(大日本図書), 2021.
- 야마구치 아키히로(山口晃弘) 외, 중학교 과학 지도 스킬 대전(中学校理科 指導スキル大全), 메이지도서출판(明治図書出版), 2022.
- 야마구치 아키히로(山口晃弘) 외, 중학교 과학 과학실 매니지먼트 북(中学校理科 理科室マネジメントBOOK), 메이지도서출판(明治図書出版), 2022.
- 오분샤(旺文社), 중학과학용어집(中学理科用語集) 3정판, 오분샤(旺文社), 2018.
- 요코야마 다다시(横山正) 감수, 과학 실험·관찰 기구 도감(理科実験·観察の器具図鑑), 포플러샤(ポプラ社), 2014.
- 이이다 다카시(飯田隆) 외, 화학 실험의 기초 지식 제3판(化学実験の基礎知識 第3版), 마루젠출판(丸善出版), 2009.
- 이토 후쿠오(伊藤ふくお)·마루야마 겐이치로(丸山健一郎), 달라붙는 씨앗 도감(ひっつきむしの図鑑), 잠자리출판(トンボ出版), 2003.
- 중학교육연구회(中学教育研究会), 중학 상설 용어&자료집 과학(中学 詳説 用語&資料集 理科) 개정판, 주켄켄큐샤(受験研究社), 2016.
- 크리스 패런트(クリス·ペラント), 암석과 광물의 사진 도감(岩石と鉱物の写真図鑑), 일본 보그샤(日本ヴォーグ社), 1997.
- 화학동인 편집부(化学同人編集部), 안전하게 실험하기 위하여 제8판(実験を安全に行うために 第8版), 화학동인(化学同人), 2017.
- 후쿠치 다카히로(福地孝宏), 실험으로 이해하는 화학(実験でわかる化学), 세이분도신코샤(誠文堂新光社), 2007.

비커 군과 과학실 용어 사전

1판 1쇄 인쇄 2025년 8월 14일
1판 1쇄 발행 2025년 8월 21일

지은이 우에타니 부부
옮긴이 오승민
감수자 김경숙
원서 장정·디자인 사토 아키라
원서 DTP 나카야마 쇼코, 와타베 아쓰토(마쓰모토 나카야마 사무소)

발행인 김기중
주간 신선영
편집 백수연, 이현미
경영지원 홍운선

펴낸곳 도서출판 더숲
주소 서울특별시 영등포구 당산로41길 11, E동 1410호 (07217)
전화 02-3141-8301
팩스 02-3141-8303
이메일 info@theforestbook.co.kr
페이스북 @forestbookwithu
인스타그램 @theforest_book
출판신고 2009년 3월 30일 제2009-000062호

ISBN 979-11-94273-21-9(03400)